U0934271

# 《肉兔、毛兔、獭兔高效养殖及疾病防治新技术》

## 编委会

主　编　曾　春

编　者　史红艳　刘巧兰　柯昌军　季亮庭

　　　　肖　海

新型农民农业技术培训系列丛书

新技术
新热点

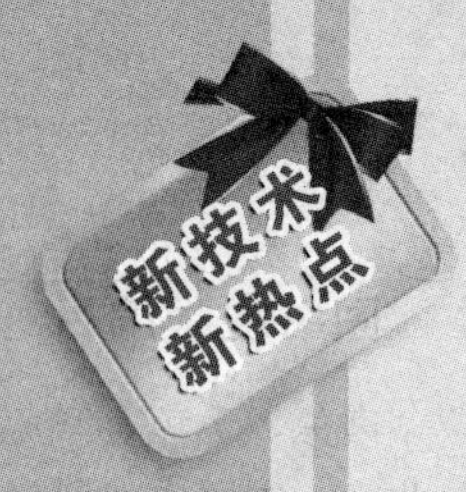

# 肉兔 毛兔 獭兔
# 高效养殖及疾病防治新技术

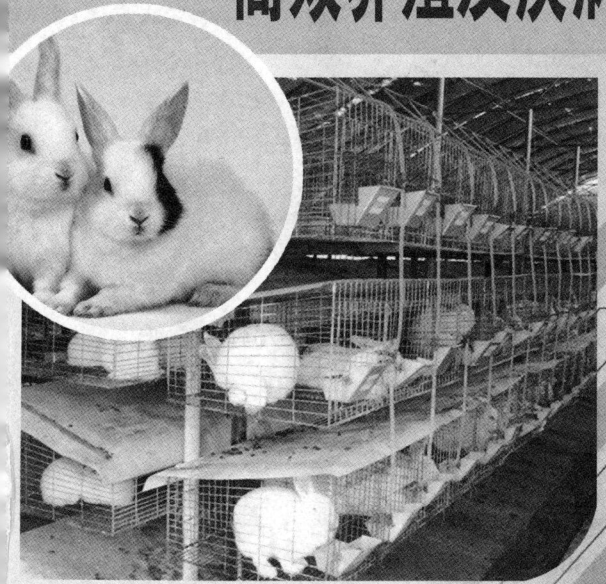

● 曾 春 主编

中国农业科学技术出版社

**图书在版编目（CIP）数据**

肉兔、毛兔、獭兔高效养殖及疾病防治新技术 / 曾春主编 . 北京：中国农业科学技术出版社，2011.8

ISBN 978-7-5116-0562-7

Ⅰ. ①肉…　Ⅱ. ①曾…　Ⅲ. ①兔-饲养管理②兔病-防治　Ⅳ. ①S829.1②S858.299

中国版本图书馆 CIP 数据核字（2011）第 131481 号

**责任编辑**　朱　绯
**责任校对**　贾晓红

**出 版 者**　中国农业科学技术出版社
北京市中关村南大街 12 号　邮编：100081
**电　　话**　(010)82106638(编辑室)　(010)82109704(发行部)
(010)82109703(读者服务部)
**传　　真**　(010)82109700
**网　　址**　http://www.castp.cn
**经 销 者**　各地新华书店
**印 刷 者**　中煤涿州制图印刷厂
**开　　本**　850mm×1 168mm　1/32
**印　　张**　4
**字　　数**　104 千字
**版　　次**　2011 年 8 月第 1 版　2013 年 6 月第 3 次印刷
**定　　价**　15.00 元

**版权所有 · 翻印必究**

# 前　言

随着社会主义新农村建设的推进和农业产业结构的调整，我国广大农村养殖产业的比重不断增大。肉兔、毛兔、獭兔以吃草节粮、产品优质、生产周期短、生产成本低、经济效益高等特点备受广大农民青睐。发展家兔生产是农民脱贫致富的有效途径。

养好肉兔、毛兔、獭兔，需要科学技术。为了指导广大农民在养殖生产中科学饲养管理、提高繁殖效率、做好疾病预防等工作，结合农民科技培训的实际需求，我们编写了《肉兔、毛兔、獭兔高效养殖及疾病防治新技术》一书，作为新型农民培训丛书之一。

本书内容几乎涉及肉兔、毛兔、獭兔养殖的各个环节，包括品种选购、饲养技术、疾病防治等，还附了大量的图片，可供读者选择应用和参考。

本书技术先进、科学、简明实用，既可作为生产一线人员的培训教材，也可作为从事肉兔、毛兔、獭兔养殖的技术人员、管理人员的学习参考用书。

由于编写时间仓促，编著者水平所限，本书难免有不妥之处，敬请广大读者提出意见。

# 目　录

# 第一章 肉兔、毛兔和獭兔概述

## 第一节 肉兔

### 一、肉兔的起源与发展

肉兔生产是我国传统的养殖业，有着悠久的历史和广阔的发展前景。饲养肉兔投资小、周期短、风险低、见效快，是广大农村发展高效农业、高效畜牧业的优选项目之一。

1. 分类学地位

肉兔在动物分类学属动物界、脊索动物门、脊椎动物亚门、哺乳纲、兔形目、兔科、兔亚科、穴兔属、穴兔种、家兔变种。

应当指出，在兔科动物中又可分为穴兔和旷兔两类，现今人们饲养的各种家兔都是由野生穴兔驯化和培育而成的。

2. 肉兔的起源

据史料考证，目前世界上饲养的所有家兔品种都起源于欧洲野生穴兔，所以肉兔的祖先也为欧洲穴兔。有关穴兔的最古老记载，可以追溯到公元前 1100 年，最早发现于西班牙，以后逐渐散布到欧洲各地。据德国科学家汉斯·纳茨海考证，欧洲穴兔驯化最早始于 16 世纪的法国修道院。同时，一些航海家为了解决航海途中的肉食供应，常常在船上饲养一些兔子，对野生穴兔的驯化和传播也起到了一定的作用。

3. 肉兔业的发展

据史料记载，自 16 世纪开始，法国、英国、意大利等国就已十分重视家兔育种工作，从肉用、皮用等经济性状出发，对家兔进行系统选育。自 19 世纪开始，在西欧城郊和农村，普遍采用了笼养兔方法。随着兔肉、兔皮等兔产品市场的拓展，相继出现了规模较大的专业性兔场。第一次世界大战期间，由于肉食品供应紧张，使肉兔生产得到了快速发展，很多肉兔品种涌现。第二次世界大战后，由于生产不景气，肉食品匮乏，一些有养兔传统的国家，如法国、意大利、西班牙等国，养兔业发展更为迅速，大型集约化养兔场迅速增加，养兔业由副业转变为一种重要产业，养兔生产水平也有很大提高。

## 二、国内生产的现状、存在的问题及发展对策

### （一）生产现状

据史料记载，我国的养兔业已有2 000多年的历史。远在先秦时代，我国就已开始养兔，但当时只是作为宫廷观赏动物饲养，并不是经济动物。1840年鸦片战争之后，我国各地开始家庭副业式养兔，但多是零星饲养，不成规模，自由发展；品种则以中国白兔为主，多作肉用，辅以皮用。

20世纪50年代初，我国的肉兔生产得到了迅速发展。首先在北京建立了我国第一个规模较大的种兔场，此后又在全国各地逐步建立了一批具有相当规模的肉兔良种场，先后从国外引进了新西兰兔、丹麦白兔、加利福尼亚兔、比利时兔、青紫蓝兔、日本大耳兔等优良品种，进一步推动了我国肉兔饲养业的发展。

50年代中后期，我国的冻兔肉开始进入国际市场。据报道，1967年，全国冻兔肉产量为1万吨；到1984年已达11.7万吨；1994年达22.8万吨；目前年产量为18万~20万吨。1959年，出口冻兔肉221吨；1979年出口量最高，达4.35万吨；目前，每年出口冻兔肉3万~4万吨，远销法国等十几个国家和地区，享有很高的声誉。近年来，我国有关部门在农村产业结构调整中，把“养兔生产”列为重要的饲养项目之一，使肉兔饲养区域不断扩大，除山东、四川、江苏、河北、河南、安徽、山西、陕西及东北三省等原有的肉兔生产基地之外，新疆、内蒙古、福建、云南、海南等养兔新区，也表现出了较强的发展势头。据有

关部门估计，目前我国肉兔的存栏量为1.3亿~1.5亿只，出栏2.5亿~3.0亿只，年产兔肉35万~40万吨，其中山东、四川、江苏、河北、河南、安徽等省饲养数量最多，占我国肉兔存栏量的75%~80%。

我国对肉兔的研究工作虽然起步较晚，但进展很快。科技工作者围绕提高肉兔的产肉率、繁殖率、成活率、饲料转化率、配套饲养技术、品种改良、遗传基因等内容进行了专项研究，已先后培育出哈白兔、塞北兔、太行山兔、大耳黄兔、安阳灰兔等优良品种；家兔人工授精、繁殖控制及冷冻精液技术等已在部分地区推广应用；兔的胚胎移植、试管兔、嵌合兔等也已获得成功。

随着肉兔生产的迅速发展，兔肉销量也在不断增加。据统计，20世纪80年代之前我国兔肉主要以外销为主，内销量微不足道。随着改革开放和人民生活水平的不断提高，兔肉越来越受到人们的欢迎，我国兔肉销售以国内市场为主、国际市场为辅的格局已基本形成。目前，兔肉国内销量为总产量的80%~85%，出口量为总产量的15%~20%。

（二）存在问题

我国在发展肉兔生产上，已经取得了可喜的成绩。但是，纵观其发展历史，始终处于上下波动、起伏不定的状态，主要存在以下问题。

1. 饲养规模偏小

在我国广大农村，养兔仍然是一项家庭副业，多数家庭饲养基础母兔5~10只，饲养规模小，未形成产业化，其商品率低，经济效益差。

2. 科技含量较低

在我国，小规模的家庭养兔仍以粗放的饲养方式为主，栏舍阴暗潮湿，饲料单一。所以，普遍存在着繁殖率低、生长速度低、饲料转化率低和死亡率高的“三低一高”现象。

3. 销售渠道单一

长期以来，我国兔肉主要依靠外销，国内市场没有很好地开发。因此，国际市场兔肉价格的波动，直接影响着国内肉兔的生产，一旦国际市场需求低下，就会挫伤养兔农户的积极性。

4. 产品开发滞后

目前，我国的兔肉产品仍以初级产品形式销售为主，花色品种少，对市场的适应能力和引导能力差。大量的兔副产品尚未充分开发，明显影响养兔业的增值增效。

5. 炒种现象严重

个别炒种者为了自身的私利，利用农民致富心切的心理特点，大搞高价放种和“高价回收”的骗局，以次充好，以商品兔冒充种兔，给养兔生产造成较大损失。

（三）现代化肉兔业发展的对策

1. 提倡规模饲养方式

肉兔养殖业是一个复杂的系统工程。养兔业发达国家，大多采用集约化、工厂化饲养。我国的肉兔生产主要由农家副业养兔、集体养兔场和国营种兔场等多种模式组成。就目前我国养兔现状而言，发展肉兔生产的适宜规模，农户一般以饲养种兔30~50只为宜，专业性小型养兔场规模以饲养种兔100~300只为宜，中型养兔场以500~800只为宜，大型养兔场以1 000~2 000只为宜。饲养规模过小，经济效益不高；饲养规模过大，如果资金、人力、物力条件达不到要求，饲养管理水平粗放，良好的生产潜力不能充分发挥，不仅效益低，而且容易诱发多种疾病，造成巨大经济损失。

2. 普及科学养兔知识

我国虽是世界养兔大国，近年来发展速度很快，但长期以来仍处在副业生产的定位上。特别是农户小型养兔场多缺乏先进的科学意识和技术措施，大多处于“广种薄收”阶段。因此，要提高肉兔的生产水平，必须普及科学养兔知识，采用科学手段和先进技术，尤其是肉兔良种选育、杂交组合、饲料搭配、饲养管理和疾病防治等科技知识，实行标准化、科学化饲养，以达到优质、高产、高效的目的。

3. 推广全价颗粒饲料

目前，我国肉兔的饲养水平与先进国家相比，还处于“有啥吃啥”的落后状态，不仅饲养期长，饲料转化率低，而且单产低，产品质量差。近年来，广大农村由于粮食丰收有余，不少养兔户利用原粮（稻米、玉米、小麦等）饲喂兔子，不仅浪费了粮食，兔子也没养好，甚至导致多种疾病。据试验，兔子有喜吃颗粒饲料的习惯，而且表现为饲料利用率高，浪费少。因此，应该根据肉兔的营养需要和饲养标准，生产全价颗粒饲料，以满足肉兔的不同生产类型和生理阶段的需要。

4. 树立商品生产意识

近年来，我国的养兔业已经历了市场经济的洗礼，增强了商品观念和风险意识。过去，我国的肉兔市场主要在国外，多以初级产品形式出现，一旦国际市场疲软，国内生产必然滑坡，使养兔生产永远处于高峰—低谷—高峰—低谷的循环怪圈。养小兔子可以成为大产业，养兔不仅需要先进的科学技术，而且还要树立商品生产意识。如果不能很好地解决肉兔产品的加工、销售和市场开发问题，产前、产后矛盾突出，就难以实现增值增效的目的。

5. 开展综合开发利用

肉兔的主要产品有兔肉、兔皮、兔粪和各种内脏。为了巩固和发展我国的养兔业，有关部门应注意兔产品的综合开发利用，以适应市场经济的需要。兔肉除用于满足传统的外贸出口需要之外，必须立足于国内市场的开发和综合加工利用。对兔皮、兔粪和兔的各种内脏要进行深度加工，综合利用，增值增效。例如，四川省广汉市、彭山县等地已有160多家中、小型兔肉加工厂和近千家兔肉加工专业户，加工品种多达20余种，既提高了兔产品加工企业的经济效益，也解决了养兔户卖兔难的问题。

## 三、肉兔的品种

### （一）中国白兔

中国白兔又称菜兔，是世界上较为古老的优良兔种之一，分布于全国各地，以四川成都平原饲养最多。

1. 外貌特征

中国白兔体型较小，全身结构紧凑而匀称；被毛洁白，短而紧密，皮板较厚；头型清秀，耳短小直立，眼为红色，嘴较尖，无肉髯。该兔种间有灰色或黑色等其他毛色，杂色兔的眼睛为黑褐色。

2. 生产性能

中国白兔为早熟小型品种，子兔初生重 40～50 克；30 日龄断奶体重 300～450 克，3 月龄体重 1.2～1.3 千克；成年母兔体重 2.2～2.3 千克，公兔 1.8～2 千克。繁殖力较强，年产 4～6 胎，平均每胎产仔 6～8 只，最多达 15 只以上。

3. 主要优缺点

该兔种的主要优点是早熟，繁殖力强，适应性好，抗病力强，耐粗饲，是优良的育种材料；肉质鲜嫩味美，适宜制作缠丝兔等美味食品。主要缺点是体型较小，生长缓慢，产肉力低，皮张面积小，有待于选育提高。

### （二）哈尔滨白兔

该兔系由比利时兔、花巨兔、加利福尼亚兔、青紫蓝兔与哈尔滨本地白兔、上海大耳白兔等多品种杂交选育而成。属大型肉兔品种，分布于全国各地。

1. 外貌特征

哈尔滨白兔全身被毛洁白，毛密柔软，眼为红色，耳宽长而直立，前后躯发育匀称，四肢强健，体型较大。

2. 生产性能

该兔种属大型肉兔新品种。子兔初生体重 60～70 克，70 日龄平均体重 2.5 千克，90 日龄体重 3.5 ~3.8 千克，成年兔体重达 5.5 ~6 千克。屠宰率为 53.3%，繁殖力强，每胎产仔 8 ~10 只，育成率达 85% 以上。

3. 主要优缺点

哈尔滨白兔的主要优点是遗传性稳定，耐寒、耐粗饲，适应性强，料重比为 3.35：1，生长发育快，产肉率高，皮毛质量好。主要问题是群体较小，目前正在扩群推广中。

（三）塞北兔

塞北兔是张家口农业专科学校杨正教授等培育的大型皮肉兼用型品种。1978 年起，选用法国公羊兔、比利时兔和弗朗德巨兔为亲本，采用轮回杂交并严格选育而成，1988 年通过省级鉴定，定名为塞北兔。该兔体型呈长方形，被毛以黄褐色为主，也有纯白色和干草黄色或橘黄色的。头大小适中，眼眶突出，眼大而微向内陷，鼻梁有一黑线。耳宽大，一耳直立，一耳下垂，故称“斜耳兔”，这是该品种的重要外貌特征。体质强健，颈部粗短，颌下有肉髯，背腰平直，后躯宽而丰满，四肢短而粗壮。

该兔年产 4 ~5 胎，平均每胎产仔 7 只，40 日龄断乳体重 1.0 千克左右，2 月龄达 1.7 千克以上，成年体重 5.3 ~5.5 千克，屠宰率 52.6%。

（四）日本白兔

日本白兔原产于日本，由中国白兔和日本兔杂交选育而成。日本白兔体格强健，较耐粗饲，适应性强，我国各地广为饲养。该兔被毛全白，耳大直立，耳根细，耳端尖，耳薄，形同柳叶，故又称日本大耳白兔。

日本白兔繁殖力强，年产 4 ~5 胎，每胎产仔 8 ~10 只，多者达 12 只。母兔母性好，泌乳量大。子兔生长较快，2 月龄体重 1.4 千克，4 月龄达 3.0 千克。成年体重：母兔 4.5 ~5.0 千克，公兔 4.0 ~4.5 千克。该兔的被毛浓密柔软，质地良好。

（五）德国花巨兔

德国花巨兔原产于德国，是大型的皮肉兼用兔。

该兔被毛底色为白色；口鼻部、眼圈及耳朵的被毛为黑色，从颈部沿背脊至尾根有1条锯齿状渐宽的黑色被毛带，体躯两侧有若干对称、大小不一的蝶状黑斑，故也称“蝶斑兔”。德国花巨兔性情活泼，行动敏捷，善跳跃。繁殖力强，年产4～5胎，每胎产仔11～12只，高者达17～19只。子兔早期生长发育快，40日龄断乳体重1.1～1.25千克，90日龄达2.5～2.7千克，成年体重5～6千克。抗病力强。但该兔母性不好，哺乳力较差，子兔成活率较低。

## 第二节　毛兔

### 一、毛兔的起源与现状

毛用兔与肉用兔一样，具有共同的起源和祖先，在动物分类学上属动物界、脊椎动物门、脊索动物亚门、哺乳纲、兔形目、兔科、兔亚科、穴兔属、穴兔种、家兔变种。

国际上把毛用兔称为安哥拉兔，而我国群众习惯叫做长毛兔。世界上各国的长毛兔都是由英国的短毛兔发生长毛突变而形成的。由于它们同来源于长毛基因突变，所以把所有的长毛兔都归属于1个品种。安哥拉兔是由何而来的？大量的研究证明，世界上最早饲养长毛兔的国家为英国和法国。法国最早的安哥拉兔是1723年由英国海员从英国绕道大西洋至比斯开湾的波尔多带入法国的。显然。英国饲养长毛兔的时间早于法国，进一步证明安哥拉兔是来自英国。由于长毛兔的长绒与土耳其安哥拉山羊的长绒形态相似，因而把长毛兔叫做安哥拉兔。

最初出现的长毛兔，因毛绒奇特、美观，仅供少数人玩赏之用。国外18世纪中叶开始出现，先后传入法国、德国、日本等国，但真正形成一项产业，只有100多年历史，由于毛纺业的不断发展，长毛兔得到了迅速的推广和不断发展。

目前，饲养长毛兔数量较多的国家有中国、法国、德国、日本、美国、英国、捷克和斯洛伐克等。我国兔毛出口量占国际贸易量的90%以上。2006年，中国产兔毛2万多吨。

## 二、毛兔的外形结构

长毛兔是家兔的一种，目前已遍布世界各地。由于各国的地区环境条件、饲养管理和育种方法的不同，已经形成了很多品系。这些品系虽经长期选育，但仍然保留着共同的形态和一些生物学特性。

长毛兔的外形可分为头、颈、躯干、四肢和尾等部分，除鼻尖、腹股沟和公兔的阴囊部之外，全身各部位均被有纤细的绒毛。

1. 外形结构（图1－1）

**图1－1 外形结构**

长毛兔的外形结构，除了与其他家兔所具有的共同特征之外，还有其不同的特点，了解这些特征和特性，对于选种和了解生产性能是十分必要的。

（1）头部　长毛兔的头部细小清秀，可分为颜面区及颅脑区。颜面区约占头长的2/3。口较大，围以肌肉质的上唇、下唇，上唇中央有一纵裂。门齿外露，口边长有粗硬的触须。眼球大而几乎呈圆形，位于头部两侧，单眼视野角度超过180°，白色长毛兔的眼球呈粉红色，有色长毛兔眼球则多呈深褐色。耳长中等且可自由转动，可随时收集外界环境声音信息，迅速产生反应。

（2）体躯　可分为胸、腹、背3部分。发育正常、体格健壮的长毛兔，胸部宽而深，背腰平直，臀部丰满。良种长毛兔一般要求腹部大而不松弛，且富有弹性；背腰宽广、平直；臀部丰满，发育匀称。

（3）四肢　长毛兔与其他家兔相同，前肢短而后肢长，这与跳跃式行走和卧伏式的生活习性有关。前脚有5趾，后脚仅4趾（第1趾退化），趾端有锐爪，爪的弯曲度随年龄的增长而变化，年龄越老则弯曲度越大。

2. 被毛特点

长毛兔全身被毛洁白、松软、浓密。根据兔毛纤维的形态学特点，一般可分为细毛、粗毛和两型毛等3种。

（1）细毛　又称绒毛，是长毛兔被毛中最柔软纤细的毛纤维，呈波浪形弯曲，长5～12厘米、细度为12～15微米，一般占被毛总量85%～90%。兔毛纤维的质量，在很大程度上取决于细毛纤维的数量和质量，在毛纺工业中价值很高。

（2）粗毛　又称枪毛或针毛，是兔毛纤维中最长、最粗的一种，直、硬、光滑、无弯曲，长度10～17厘米、细度35～120微米，一般仅占被毛总量的5%～10%，少数可达15%以上。粗毛耐磨性强，有保护绒毛、防止结毡的作用。根据毛纺工业和兔毛市场的需要，目前粗毛率的高低已成为长毛兔生产中的一个重要性能指标，直接关系着长毛兔生产的经济效益。

（3）两型毛　是指单根毛纤维上有两种纤维类型：纤维的上半段平直，无卷曲，髓质层发达。具有粗毛特征；纤维的下半段则较细，有不规则的卷曲，只由单排髓细胞组成，具有细毛特征。在被毛中含量较少，一般仅占1%～5%。两型毛因粗细交接处直径相差很大，极易断裂，毛纺价值较低。

**三、品系特征**

目前各国饲养的长毛兔，由于环境条件、饲料条件以及选育标准和选育方法等的不同，培育出了许多品系，主要有德系安哥拉兔、法系安哥拉兔、日系安哥拉兔、英系安哥拉兔和中系安哥拉兔。

1. 德系安哥拉兔

德系安哥拉兔由德国培育而成，是目前世界各国饲养比较普遍的一个品系，产毛量较高。我国自1978年开始引进饲养，目前在山东省还保留其纯种。

（1）外貌特征　面部绒毛不太一致，有的有长毛，有的无长毛，亦有额毛、颊毛丰富的，但大部分耳壳背面无长毛，仅耳尖有一撮毛，养兔界俗称“一撮毛”；全身被覆厚密的绒毛，被毛有毛丛结构，不易缠结，毛纤维有明显的波浪形弯曲；四肢、腹部密生绒毛，体毛绒毛率达91%左右，长而细软；头型扁、尖削，胸部和背部发育良好，背线平直，四肢强健。

（2）生产性能　德系安哥拉兔体型较大，成年兔（1周岁）体重3.5～5.2千克，高的可达5.7千克，平均3.95千克，体长45～50厘米，胸围30～35厘米。年产毛量公兔平均1 190克，母兔平均1 406克，最高的达2 000克；被毛密度为16 000～18 000根/平方厘米，粗毛含量5.4%～6.1%，细毛细度12.9～13.2微米，毛长5.5～5.9厘米。繁殖性能表现为年产4～5胎，胎产仔6～7只，最高达12只；一般母兔4对乳头，多的达5对乳头；配种受胎率为53.6%。

（3）主要优缺点　主要优点为产毛量高，被毛密度大，细毛比例大且长而柔软，因有丛毛结构而不易缠结。主要缺点为适应性差，特别是不耐热，公兔有夏季不育现象；对饲养条件要求比较高，不耐粗饲；繁殖性能偏低，配种后受胎率较低，初产母兔母性差，少数母兔还有食子恶癖。

2. 法系安哥拉兔

法系安哥拉兔由法国经过长期选育培养而成，是目前世界上著名的粗毛型长毛兔。我国早在20世纪20年代就引进饲养，但没形成商品生产规模。20世纪80年代，为了搞好兔毛生产及改良国内安哥拉兔的需要，又先后引进一些新型法系安哥拉兔，目前国内仍保留有它的种群。

（1）外貌特征　全身被毛长而洁白，但密度较差，粗毛含量较高。额部、颊部及四肢下部生有短毛，耳宽、长且较厚，耳尖无长毛或有一小撮短毛，耳背密生短毛，养兔界称之为“光板”。该品系的长毛兔体型较大，体质健壮，头稍尖，面部稍长。脚毛较少，胸部和背部发育良好，四肢强壮。

（2）生产性能　法系安哥拉兔体型较德系安哥拉兔略小，成年兔（1周岁）体重3.5～4.6千克，高者达5.5千克。体长43～46厘米，胸围35～37厘米。公兔年产毛量900克左右，母兔年产毛量1 200克左右，最高产的个体年产毛量可达1 300～1 400克；被毛密度不如德系安哥拉兔，为13 000～14 000根/平方厘米，粗毛含量为13%～20%，平均为15%，细毛的细度为14.9～15.7微米，毛长5.8～6.3厘米。繁殖性能较德系安哥拉兔好，年产5胎以上，胎产仔6～8只，一般母兔4对乳头，也有5对乳头的，选种应尽量选择5对乳头的母兔；配种受胎率为58.3%。

（3）主要优缺点　本品系兔的主要优点是产毛量较高，毛纤维较粗，粗毛含量高，适于纺线和用作粗纺原料；适应性强，耐粗饲，容易管理；繁殖性能好，适于以拔毛的方式采毛。主要缺点是被毛密度差，面、颊、四肢下部无长毛。

3. 日系安哥拉兔

日系安哥拉兔由日本培育而成，生产性能不及德系和法系安哥拉兔。我国于 1979 年从日本引进，目前主要分布在浙江省和辽宁省。

（1）外貌特征　头型偏宽而短，额部、颊部、两耳外侧及耳尖部均有长毛，额毛有明显分界，呈“刘海状”。耳长中等、直立。四肢强壮、肢势端正，胸部和背部发育良好。全身被覆洁白浓密的绒毛，粗毛含量较少，但不易缠结。

（2）生产性能　日系安哥拉兔体型比德系和法系安哥拉兔均小，成年兔（1 周岁）体重 3 ~ 4 千克，高者达 5 千克，体长 40 ~ 45 厘米，胸围 30 ~ 33 厘米；年产毛量公兔为 500 ~ 600 克，母兔为 700 ~ 800 克，高者达 1 200 克；被毛密度为 12 000 ~ 15 000根/平方厘米，粗毛含量 5% ~ 10%，细毛细度 12. 8 ~ 13. 3 微米，毛长 5. 1 ~ 5. 3 厘米。年产 3 ~ 4 胎，平均每胎产仔 8 ~ 9 只，母兔乳头 4 ~ 5 对；配种受胎率为 62. 1%。

（3）主要优缺点　本品系兔的主要优点是对环境的适应能力强，耐粗饲，易于饲养管理；繁殖力强、受配率高、胎产仔数多，母兔母性强、泌乳性能高，子兔成活率高。缺点是体型较小，产毛量较低，兔毛品质一般。

4. 英系安哥拉兔

该品系安哥拉兔由英国培育而成。体型偏小，毛细，偏向于观赏用。我国早在 20 世纪 20 年代就开始引进饲养，曾对我国长毛兔的选育工作起过积极作用。但由于其体型小、产毛量低，目前纯种英系安哥拉兔已极少见，即使在英国也难见到。

（1）外貌特征　头型偏圆，额毛、颊毛丰满，耳短厚，耳尖密生绒毛，形状似缨，有的个体整个耳背均有长毛，飘出耳外，甚为美观。全身被覆蓬松、洁白、丝状的绒毛，形似雪球，毛质细柔。四肢及趾间脚毛较多。背毛由背中央自然分开，向两侧披下。

（2）生产性能　本品系兔的体型较小、紧凑，成年兔（1周岁）体重2.5～3千克，高者达4千克，体长42～45厘米，胸围30～33厘米；年产毛量公兔为200～300克，母兔为300～350克，高者达500克；被毛密度为12 000～15 000根/平方厘米，粗毛含量1%～3%，细毛细度11.3～11.8微米，毛长6.1～6.5厘米。繁殖力较强，年产仔4～5胎，胎平均产仔5～7只，最高胎产仔数可达15只；配种受胎率平均达60.8%。

（3）主要优缺点　主要优点为繁殖力强，被毛洁白、蓬松，可以作为观赏用。缺点为被毛密度差，年产毛量低；体质弱，抗病力差；母兔泌乳力较差，有待选育提高。

5. 中系安哥拉兔

我国自1924年首次从日本引进安哥拉兔，1926年又从法国引进法系安哥拉兔，零星饲养在江浙一带的农村，并与当地的中国白兔杂交。20世纪50年代中期，兔毛出口对外打开销路，大大提高了群众养兔的积极性，经过选育选配，逐渐形成一个具有独立特征的新品系。1959年通过正式鉴定，命名为中系安哥拉兔。

（1）外貌特征　主要特征是狮子头、全耳毛、老虎爪。耳长中等，整个耳背和耳尖均密生细长的绒毛，飘出耳外，被称为“全耳毛兔”。头宽而短，额毛、颊毛丰富，从侧面看往往看不到眼睛，从正面看也只是一团绒球，形似狮子头。趾间、脚底也密生绒毛，形似老虎爪。骨骼较细，皮肤稍厚，体型清秀。

（2）生产性能　本品系的兔体型小，成年兔（1周岁）体重2.5～3千克，最高的可达4千克，体长40～44厘米，胸围29～33厘米；年产毛量公兔为200～250克，母兔为300～350克，高者可达450～500克；被毛密度为11 000～13 000根/平方厘米，粗毛含量1%～3%，细毛细度11.4～11.6微米，毛长

5.5～5.8 厘米。繁殖力较强，年产仔 4～5 胎，胎产仔数 7～8 只，高者可达 12 只；配种受胎率为 65.7%。

（3）主要优缺点　主要优点是性成熟早、繁殖力强、母性好、子兔成活率高，适应性强，耐粗饲；体毛洁白、细长、柔软，形似雪球，可作为观赏之用。主要缺点是体型小，生长慢；产毛量低，被毛纤细，缠结率高，一般可达 15%。

各地种兔场与科技人员相结合，通过杂交、选育、提纯、复壮等技术手段，已经培育出了一批遗传性能稳定、生产性能优良的高产长毛兔。例如，浙江省宁波市镇海种兔场，采用本场长毛兔与德系安哥拉兔杂交、选育，培育的种群成年兔平均体重达 5 千克，年产毛量 1 500～2 000 克。河南省濮阳市台前县良种长毛兔繁育总场自 1982 年以来，利用德系安哥拉兔、法系安哥拉兔以及国内一些良种兔场的优良个体进行多元杂交、选育，经过 22 年的努力，培育的种兔群一般个体体重都在 5 千克以上，最高者达 6 千克；年产毛量 1 500～2 000 克，群平均可以达到 1 750 克。最高的个体养毛期 80 天，1 次剪毛 550 克，平均年产毛量达到平均体重的 35%，超过现在法系安哥拉兔的生产水平。另外，山东省蒙阴县、莱芜市、临沂市等都培育出了自己的优良种兔群。

## 第三节　獭兔

獭兔，学名力克斯兔（Rex rabbit），是一种典型的皮用型兔，因其被毛酷似珍贵毛皮兽水獭，故群众多称其为獭兔。由于毛皮的独特优势，已成为目前世界上饲养数量最多、分布地区最广、最受人们欢迎的皮用兔种。

### 一、獭兔的起源与发展

1. 獭兔的起源

獭兔原产于法国，是由粗毛基因的隐性突变体培育而成的。

1919 年，獭兔最早发现于法国一个名叫卡隆的牧场主家中，在他饲养的一群灰色兔中出现 1 只短毛、多绒突变体，换毛后出现一身漂亮的红棕色短毛；与此同时，在另一窝兔中也出现了 1 只同样的异性个体，后来一位名叫吉利的神父买下了全部突变兔，经几代选育、扩群繁殖，逐渐自成一系。因这种兔子绒毛短而整齐，枪毛不露出绒面，显得异常漂亮，故命名为“Rex rabbit”，即“兔中之王”的意思。

2. 獭兔的发展

1924 年，獭兔首次在法国巴黎国际家兔博览会上展出，得到了养兔界人士的高度评价，成为当时最受欢迎的新品种之一，从而迅速流传到世界各地。此后不久，德国、英国、日本、美国及新西兰和澳大利亚等国家相继引入饲养，并培育出许多其他色型的獭兔。目前，在英国得到认可的獭兔色型有 28 种，在美国有 14 种。

## 二、獭兔养殖业的发展及前景

1. 獭兔养殖业的优点

（1）獭兔皮具有被毛细密平整、色型多、光泽好、皮板轻柔、保暖性好等特点。獭兔皮不用染色即可制成多种天然颜色服装的特性迎合了当今讲求色彩的时尚趋势，因而备受人们的青睐。

（2）獭兔肉营养丰富，鲜嫩可口，是珍贵的食品。因为獭兔肉具有三高（高蛋白、高磷脂、高消化率）、三低（脂肪含量低、胆固醇含量低、尿酸含量低）的特点，所以是老、少、病、弱及孕妇的理想保健性肉食品。因而，獭兔肉又有“美容肉”“益智肉”和“长寿肉”等美誉。

（3）獭兔属高效草食动物，具有繁殖力强、饲养周期短、生产潜力大的特点，适应面广。

（4）产品可以综合利用。獭兔取皮与冻兔肉可以挂钩，提高饲养效益；兔头、兔骨、脏器、血液、腺体等可通过深加工增值；兔粪是一种高效肥料，可以喂羊、喂猪、喂兔等。

2. 獭兔养殖业的发展前景

由于廉价的羊皮生产有限，且以皮革原料为主，而貂皮、银狐皮等高档毛皮不仅量少，而且价格也昂贵，故中档的獭兔皮对国际皮革市场能起到很好的衔接与补充作用。因此，獭兔裘皮将成为国际皮革市场最受欢迎的毛皮产品之一。饲养獭兔的市场潜力巨大，同时也是广大农牧区发展生产的一个投资少、收效快的“短、平、快”项目。

我国自 20 世纪 70 年代从美国引进纯种獭兔以来，历经 30 多年的发展，已经成为世界上獭兔饲养数量最多、皮张出口最多的国家。我国獭兔生产在国际市场上有明显的价格优势。但是反观我国獭兔业的现状，存在着以下不足：重引种、轻培育，品种退化严重；重数量、轻质量，皮张价格高质量低；重兔种、轻饲管、技术水平低下等。若把握我国獭兔业的成本优势，将獭兔变为国内外市场和农民发家致富的亮点和热点，必须选育饲管并重，增加产业的科技含量，实现由量的积累到质的转变的飞跃。

首先，重视良种繁育体系的建设。针对獭兔个体之间被毛密度、平顺度差异大的问题，严格筛选，逐步形成优秀的种群，为生产高质量的商品兔创造条件。

其次，要以市场需求为导向，进行“标准皮”的生产。杜绝炒种，防止因急功近利而进行等外取皮等不合理现象出现。提高獭兔饲养管理、疾病防治等水平，坚持适时适龄取皮原则，并按科学要求进行皮张的腌制、定型、晾晒、保管等工作，以高质量的皮张换取獭兔饲养的高经济效益。獭兔皮主要用于裘皮服装业，只有符合“短、平、密、细、美、中、牢”特点的优质皮才有市场。

最后，要走产业化开发的路子。要加强獭兔养殖龙头企业的建设，推行标准化生产，发展以公司为龙头、种兔场为基地、专业饲养户为骨干的生产模式，组建起利益共同体，提高抵御风险的能力和市场竞争能力；积极发展獭兔产品的深加工，提高生产效益。

## 三、獭兔的主要品种及特征

獭兔属家兔的一种，目前已遍布世界各地。由于各地的自然条件、饲养管理和选育方法不同，已经形成了许多不同的品系。这些不同的品系，既有相同的生物学特性，又有独特的品系特征和特性。了解并熟悉这些特征和特性，对发展獭兔生产是大有益处的。

### （一）美系獭兔

原产于美国，是目前世界上分布最广、饲养数量最多、毛皮质量最好的獭兔品系。我国于1980年开始引进饲养。

#### 1. 外貌特征

体型中等，头小嘴尖，颈粗而短，肉髯明显，耳长中等、直立，胸部较窄，腹部较大，背腰略呈弓形，臀部发达，肌肉丰满；全身被毛绒密厚实，毛色类型较多，美国国家承认的为14种。据测定，毛纤维长1.3～1.8厘米，绒毛含量为93%～96%，平均细度为16～19微米，被毛密度为每平方厘米16 000～38 000根。

#### 2. 生产性能

美系獭兔成年体重3.5～4.0千克，体长45～50厘米，胸围35～40厘米；繁殖力较强，每年可繁殖4～5胎，每胎产仔6～9只，断奶成活率达90%～92%。母兔泌乳性能良好，母性较强，30日龄断奶幼兔个体重400～550克，5月龄时体重可达2.5千克以上。商品兔5.5月龄左右，体重2.75～3.0千克时宰杀取皮，毛皮品质最好，产肉率较高。

#### 3. 主要优缺点

美系獭兔的主要优点是毛皮品质优良，毛绒丰厚、平整，制裘后轻柔、美观；适应性强，繁殖力高，容易饲养。主要缺点是平均体重较小，且群体参差不齐，国内部分美系獭兔退化严重，应引起足够重视。

（二）法系獭兔

法系獭兔原产于法国，是世界著名的良种獭兔。但是，今天的法系獭兔与原始培育出来的獭兔不可同日而语。经过几十年的选育，今天的法系獭兔取得了较大的遗传进展。其主要特征特性如下。

1. 体型外貌

法系獭兔体型匀称，颊下有肉髯，耳长且直立，须眉细而卷曲，毛绒细密、丰厚，短而平整，外观光洁夺目，手摸被毛有凉爽的丝绸感。到现在法系獭兔已有 90 多种颜色，其中在美国经选育确认的，有海狸色、白色（包括特白色）、红色、蓝色、青紫蓝色等 14 种色型。獭兔的头小而偏长，颜面区占头长的 2/3 左右，口大，嘴尖，口边长，有较粗硬的触须，眼球大而几呈圆形，位于头部两侧，其单眼的视野角度超过 180°。獭兔的眼珠有各种颜色，在一般情况下是不同色型的重要特征之一，如白色獭兔呈现粉红色，黑色獭兔呈现黑褐色。耳长中等，且可自由转动。颈粗而短，轮廓明显可见。胸腔较小，腹部较大，背腰弯曲而略呈弓形，臀部宽圆而发达，肌肉丰满，发育匀称。前脚五指，后脚四趾，爪有各种颜色。

2. 生长性能

生长发育快，饲料报酬高。在良好的饲养条件下，子兔 21 天窝重达 2 850克，35 天断乳个体重达 800 克，出生 100 天体重达到 2. 5 千克左右，150 天平均达到 3. 8 千克左右。商品獭兔出栏月龄为 5 ~5. 5 月龄，出栏体重达 3. 8 ~4. 2 千克。

3. 繁殖性能

法系獭兔初配时间，公兔为 25 ~ 26 周，母兔为 23 ~ 24 周。每胎平均产活仔数 8. 5 只，每胎提供断乳子兔数 7. 8 只左右，断乳成活率 91. 76% 左右，胎均出栏数 7. 3 只，母兔年出栏商品兔42只左右。母兔母性良好，护仔能力强，泌乳量大。

4. 毛皮质量

皮张面积在0.4平方米/张以上，皮毛质量好的风吹不漏皮，95%以上达到一级皮标准。用法系獭兔改良我国现有退化的獭兔，可以获得高质量的皮张，提高养殖经济效益。

该品系引进之后，于全封闭兔舍饲养，自动饮水，采食颗粒全价营养饲料，标准化管理，具有较好的生产性能和较大的生长潜力。但其在农户较粗放的饲养管理条件下，生产性能有一定的下降趋势。

(三) 德系獭兔

原产于德国，是继法国之后最早育成的獭兔品系之一，经数十年选育，遗传性能稳定，具有皮肉兼用的优良特性。我国于20世纪80年代后期开始引进饲养。

1. 外貌特征

体型较大，头型方正，耳厚直立，四肢粗壮，胸部较窄，背腰平直，臀部发达，肌肉丰满；全身被毛绒密平齐，分布均匀，毛纤维长1.0~2.0厘米，绒毛含量达92%~95%，平均细度为17~20微米，被毛密度为每平方厘米16 000~35 000根。

2. 生产性能

成年体重4.4~4.6千克，优秀个体可达5.5千克以上，体长48~55厘米，胸围35~38厘米；早期生长较快，初生个体重54.7克，90日龄可达2.5~2.6千克，150日龄可达3.6~3.8千克；繁殖力一般，每年可繁殖4~5胎，每胎产仔6~7只。商品兔5~5.5月龄出栏，体重可达3.8~4.0千克，毛皮品质优良，一级皮比例达90%以上。

3. 主要优缺点

德系獭兔的主要优点是体型较大，早期生长较快，商品兔皮张面积较大，被毛丰厚、平整，毛皮品质较好。主要缺点是繁殖力较低，适应性有待进一步驯化。据试验，以德系獭兔为父本，美系獭兔为母本进行杂交，效果显著，杂种二代的生产性能和外貌特征与德系纯种獭兔相近，30 日龄断奶体重可达 500 克以上，110 日龄体重达 2.3 ~ 2.5 千克，对提高生长速度、改良被毛品质和体型具有良好作用。

# 第二章　肉兔的高效养殖技术

## 第一节　兔舍的建设

兔舍是家兔生活和从事家兔生产的场所。为使家兔在适宜的环境中生活，在设计兔舍时，不仅要满足其生物学特性的要求，而且还要根据养兔场的生产工艺方案和环境工程管理等设计参数，只有这样才能有效地控制舍内的环境因素，为家兔生产创造一个最佳的生活空间，充分发挥其生产潜力，提高经济效益。

### 一、兔舍的建筑类型

兔舍的建筑类型，根据不同地区气候环境特点、社会经济条件、生产水平、饲养管理方式及生产方向而定，其形式多种多样，各有其特点。现对不同形式的兔舍分述如下。

1. 按舍的密封程度

封闭式兔舍：四周有墙，上有屋顶，依靠门、窗或通风管道进行通风换气，舍内外空气环境差异较大。其优点：具有较好的保温隔热能力，便于人工控制舍内环境和管理，可防兽害。缺点是：由于墙壁和屋顶等围护结构形成封闭状态，舍内的水汽、有害气体浓度较高，若不能进行有效地通风，易发生呼吸道疾病。尤其是在冬季，通风和保温往往形成矛盾。但此种兔舍是目前我国各地应用最多的一种。

开放式兔舍：三面有墙，上有屋顶，正面（向阳面）敞开或设有丝网（图 2－1）。其特点：通风好，有利于采光，保持舍内空气清新，管理方便，造价较低。但舍内温度因舍内空气流动性强而受到外界气温的影响较大，不便于进行环境控制，防寒能力较差，不利于防兽害，适于较温暖地区。

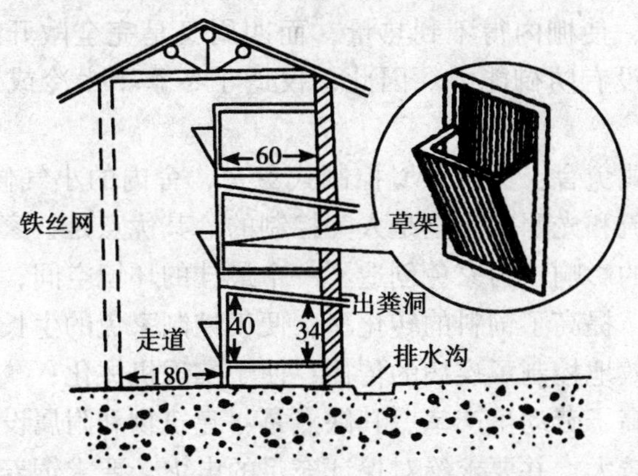


图 2－1　开放式兔舍（单位：厘米）

半开放式兔舍：三面有墙，上有屋顶，正面（阳面）设有半截墙，为防止兽害的侵袭，在半截墙之上可安装丝网。为了提高其实用效果，在冬季为加强保温，可封上活动式的塑料膜；夏季为有利于通风，在后墙设窗户（图 2－2）。此种类型兔舍通风、采光较好。舍内空气新鲜，有一定的防寒能力，因此，适于冬季不太冷、夏季不太热的地区。

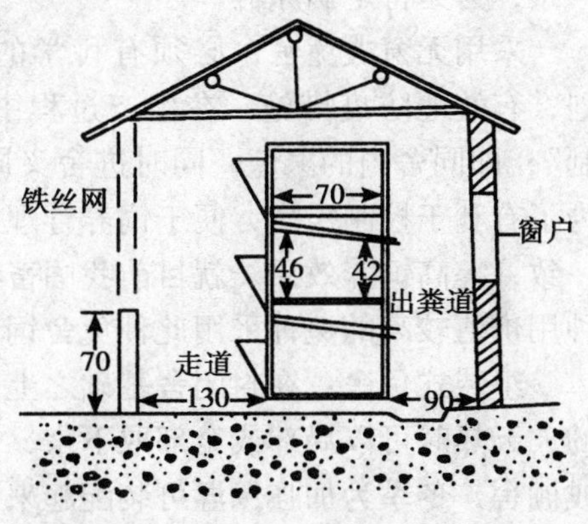


图 2－2　半开放式兔舍（单位：厘米）

棚式兔舍：四周无墙，只有舍顶，靠立柱支撑。其特点是防止日晒，减少辐射热和空气流通大等，是一种防暑的有效形式。同时舍内空气新鲜，光照充足，结构简单，投资少，造价低。但此类兔舍四周无墙壁，不利于防兽害，由于屋顶隔绝了太阳辐射，使棚内得不到热量，而四周又是完全敞开的，对寒流的侵袭没有防御能力。因此，仅适于冬季不太冷或四季如春的地区。

无窗式兔舍：又称环境控制式兔舍，舍内的小气候如温度、湿度、气流和光照等完全是人为控制的。其优点是：家兔的生产不受季节的影响，为家兔创造了一个最佳的环境空间；充分发挥生产潜力，提高了饲料的转化率；便于控制家兔的生长、发育和繁殖；有效地控制了疾病的传播；便于实现机械化；减轻了劳动强度，提高了劳动生产率。其缺点是：建筑物和附属设备要求较高，投资较大，并要求绝对保证充足的电力。要求饲养管理水平高，必须供给家兔全价营养的饲料。同时要求兔群质量高，规格一致，为无特定病原群。

采用无窗式兔舍，必须有科学的管理手段，周密的生产计划，有效地防疫措施。在生产过程中，一般都采用“全进全出制”，即同舍内的家兔，同时进舍又同时出场，这样做的目的是为了有利于控制疾病，便于饲养管理，使家兔的年龄和体重比较一致，提高饲养效果。就目前我国畜牧业发展情况来看，仅对于种用价值较高的兔种采用此种兔舍饲养。

组装式兔舍：在封闭舍基础之上，兔舍的墙壁和门窗是活动的，天热时可以局部或全部取下来，使舍成为半开敞式、开敞式或棚舍，冬季为加强保温可装配起来，成为严密的封闭舍。其优点是：适于不同地区、不同季节、灵活方便，便于对舍内环境因素的调节和控制。缺点是：兔舍结构各部件要求质量较高，必须坚固轻便，耐用，保温隔热性能好。此种兔舍在国外一些发达国家多采用。

2. 按空间排列

地上舍：在地上建造的一般兔舍，根据本地情况及生产特点，可合理设计，形式多样，如平房舍、楼房舍。其优点是：舍内环境因素便于调节，通风好，采光好，充分利用空间，提高了土地利用率。缺点是：此种兔舍在设计时，要充分考虑建筑材料的坚固性，保温性等，造价高。适于城郊土地资源紧张、资金较雄厚的大、中型集约化养兔场。

地下式兔舍（图2－3）：在地下建造兔舍，可充分利用地下温度较高和相对稳定的特点。

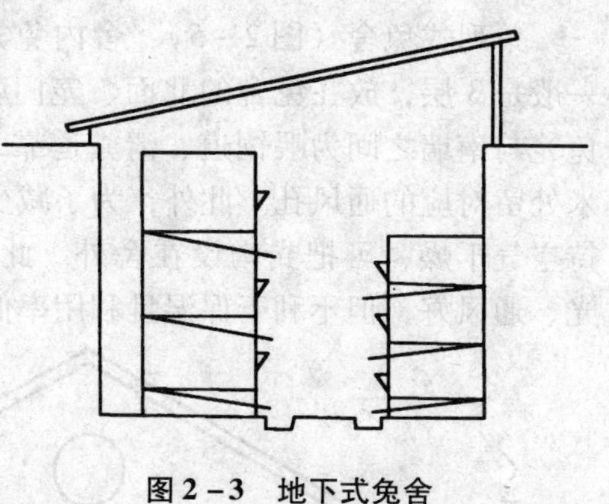

**图2－3　地下式兔舍**

建造地下兔舍时，应选择地势高燥、向阳背风、土质好、地下水位低的地方；切忌建在低洼易涝、潮湿、土质稀松、含沙量大的地段。其优点是：舍内温度稳定而适宜，冬暖夏凉，有较好的保温能力；舍内噪音小，相对安静。缺点是：地下舍往往通风、采光不便，较差，舍湿度大，空气污浊，饲料的发放、粪便的清除处理比较麻烦，增加了劳动强度。

地下舍的形式多种多样，根据地方特点，因地制宜。如圆桶式地下窖、长方形地下窖、长沟槽式地下窖等。地下舍建筑要防止塌倒，为防雨水倒灌，舍顶要高出地面，在舍顶开天窗，留有通气孔，以有利于通风和采光。此种兔舍适于我国北部及西北寒冷地区。

半地下式兔舍（图2－4）：该兔舍一半在地下，一半在地上，具有地下舍的优点，环境温度较高和稳定，

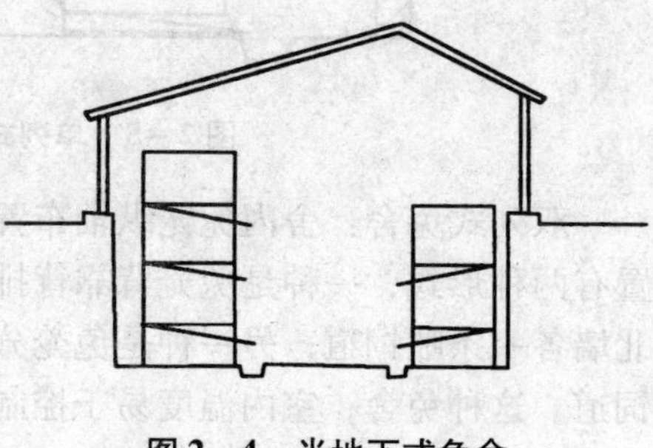

**图2－4　半地下式兔舍**

同时与地下舍比较可较大地改善舍内湿度高、采光性差的缺点，造价低、省材料，冬暖夏凉。但仍不便于管理和对粪便的清除，舍内湿度较大。适于较寒冷地区小型兔场。

3. 按舍内兔笼的排列

单列式兔舍（图2－5）：舍内兔笼沿纵轴布置一列的兔舍。一般是3层，放在兔舍的北面、笼门朝南、兔舍的北墙可开窗。兔笼与南墙之间为喂饲道、清粪道靠北墙，南北墙距地面20厘米处留对应的通风孔。此外，为了减少舍内有害气体的产生和保持空气干燥，可把粪沟设在舍外。此种兔舍跨度小，有利于采光、通风好，但不利于保温且利用率低，适于气候温暖地区。

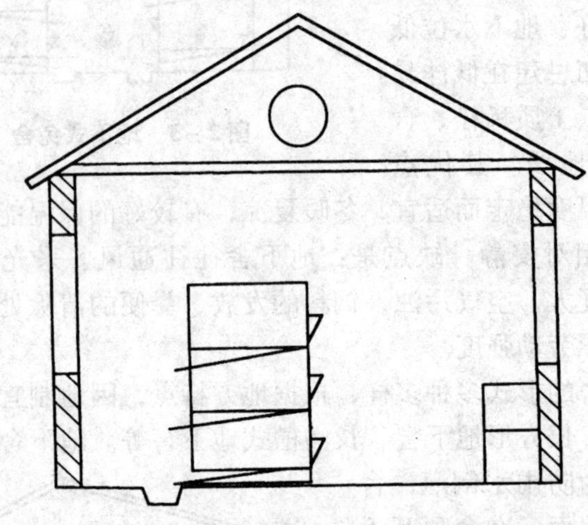

**图2－5 单列式兔舍**

双列式兔舍：舍内兔笼纵轴布置两列的兔舍。笼在舍内的布置有两种形式，一种是兔笼背靠背排列，中间为粪尿沟，靠近南北墙各一条喂饲道；另一种是兔笼分别设置在南北墙，中间为喂饲道。这种兔舍，室内温度易于控制，通风透光良好，兔舍的利用率也较高，但朝北一列兔笼光照、通风、保暖条件较差。这种形式的兔舍在我国各地应用较普遍。

多列式兔舍：舍内兔笼沿纵轴布置 3 列或 3 列以上的兔舍。该舍放置兔笼以单层或双层为宜，否则，兔笼层数多，不利于通风和采光。该舍一般适用于大型集约化生产的兔场。

## 二、兔舍的要求与设计参数

### （一）兔舍要求

为了充分发挥肉兔的生产潜力，提高养兔的经济效益，建造兔舍时必须遵循下述基本要求。

1. 地面

兔舍地面应坚实、平坦，易清扫消毒，不透水，干燥。目前，一般种兔舍多采用水泥地面。有些地区采用砖块地面，虽然造价较低，但缺点甚多，如易吸水、积粪尿，造成舍内湿度过大，消毒困难，故大型兔场不宜采用。

2. 墙体

兔舍墙体应具备坚固、耐火、抗冻、耐水，结构简单和具备良好的保温与隔热性能。一般以砖砌墙最为理想，保温性较好，还可防兽害。目前，国外现代化兔场已有波形铝板—防水板—聚乙烯膜组合建墙，保温隔热效果很好，但造价较高。

3. 门窗

兔舍门窗应考虑有效采光面积和防寒保温。兔舍的采光系数应为 1∶（6～10），透光角应大于 10°，入射角不低于 25°～30°，窗台以离地面 0.5～1 米为宜；门宽 1 米，高 2～2.2 米。工厂化养兔多用无窗兔舍，但需科学通风和人工照明，造价较高。

4. 舍顶

舍顶是兔舍的防护结构，用于防雨、防风、遮阳等。舍顶形式最常用的为双坡式，适于较大跨度的兔舍。钟楼式和半钟楼式舍顶有利于加强通风和采光，适于大跨度兔舍或温暖地区采用。材料可选用水泥制件、瓦片或用秸秆加抹草泥而成。

5. 沟渠

粪尿沟宜用水泥、砖石或瓷砖砌成，其表面要光滑，渗透小，宽度为25~35厘米（对尾式加倍），坡度应小于0.6°~0.9°或1%~1.5%。若兔舍过长，出粪口可设置于兔舍中部或两侧，以利于粪尿流畅和清扫。

（二）设计参数

规模化兔舍设计，包括生物学设计和建筑学设计。兔舍作为肉兔的生活环境和生产场所，必须根据肉兔的生物学特点和饲养管理要求，进行科学设计。

1. 兔舍高度

一般以净高表示，指地面至天棚（天花板或屋架下缘）的高度。舍高有利于通风，缓和高温影响，但不利于保温。因此，北方地区，应适当降低净高，一般为2~2.5米；南方地区，应适当加大净高，一般为2.5~3米。

2. 兔舍跨度

兔舍跨度应根据兔笼形式、排列方式及气候环境等条件而定。一般单列式兔舍跨度为3米左右，双列式4米左右，三列式5米左右，四列式6~7米。兔舍跨度不宜过大，一般控制在8~10米。过大则不利于通风和采光。

3. 兔舍长度

一般可根据场地条件、建筑布局灵活掌握，但为便于兔舍消毒和防疫，考虑粪尿沟的坡度，故以控制在50米以内为宜，或根据生产定额，以1个班组的饲养量确定兔舍长度。

4. 防疫设施

兔场大门及各区域入口处，特别是生产区和兔舍入口处应设置相应的消毒设施，如车辆消毒池、脚踏消毒槽、喷雾消毒室、更衣换鞋间等。车辆消毒池要有一定深度，其池长应大于轮胎周长的2倍。

5. 道路设置

场内主干道应与场外运输线路连接，其宽度要保证顺利错车，一般为5.5～6米，支干道与兔舍、饲料库、贮粪场等连接，宽度为2～3米。场内道路分清洁道和污染道。运送饲料的道路（清洁道）不能与运送粪便和污物的道路（污染道）通用或交叉。道路应坚实，有一定的弧度，以利于排水良好。

## 第二节　繁育技术

繁殖是高效益肉兔生产中的重要环节，目的是不断增加兔群的数量和逐步提高兔群质量。生产实践表明，繁殖技术是制约养兔生产水平和饲养效益的主要因素之一，所以养兔场（户）和技术人员必须系统了解肉兔的繁殖特性和繁殖规律，掌握肉兔的繁殖技术，以不断提高肉兔的繁殖效率和养殖效益。

### 一、繁殖特点

肉兔与其他家畜相比，具有多胎高产、刺激性排卵、双子宫型、公兔夏季不育和母兔有时会发生假孕等特性。

1. 多胎高产

肉兔繁殖力强主要表现为多胎高产，不仅表现在每胎产仔数多、妊娠期短，而且表现在一年多胎，母兔产后即可配种受胎。另外，还表现在子兔生长发育快，性成熟早。据报道，1只繁殖母兔，每年可繁殖4～5胎，最高可达8～11胎，每胎产仔6～8只，最高可达18只。

2. 刺激性排卵

肉兔属刺激性排卵动物，母兔在达到性成熟以后，虽每隔一定时间会出现发情征候，但并不伴随排卵。卵巢中的成熟卵子只有经交配刺激，或相互爬跨，或注射外源激素后才会排出。如无刺激，成熟卵子经10～16天后就会逐渐被机体所吸收。这种特性对生产是有益的。实践证明，肉兔可以采用强制交配的方法或给母兔注射绒毛膜促性腺激素（促排卵3号），促使母兔排卵、受胎，以增加产仔胎数，提高繁殖率。

但长期使用外源激素会使子宫壁增厚，影响繁殖。故需注意以下几点：一是刺激排卵可用于人工授精或频密繁殖，母兔分娩后1～2天内配种繁殖，受胎率很高。二是外源激素（促排3号）不宜长期连续使用，以免导致子宫壁增厚，影响繁殖性能。三是最好采用结扎输精管的公兔进行交配刺激。据试验，人工授精前用结扎输精管的公兔进行交配刺激，可明显提高母兔的受胎率和产仔数。

3. 双子宫型

肉兔属双子宫型动物，两个子宫同时开口于阴道，子宫体很短，实际无子宫角和子宫体之分。因此，在自然交配情况下，不会发生像其他家畜那样，受精卵可以从一个子宫角向另一个子宫角移行的情况。但在人工授精时，可能因输精管插入过深，招致一侧子宫受胎，另一侧不孕的现象。

4. 公兔夏季不育

肉兔对外界环境温度的反应极为敏感，当外界温度高于32℃时，就可导致公兔体重减轻，性欲下降，射精量减少，精子密度降低，死精和畸形精子数增加。由此引起配种困难，繁殖力下降，这种现象就叫公兔夏季不育现象。据测试，春季（3月份）公兔性欲最旺盛，射精量最高，精子密度最大，活力最好；夏季（7月份）公兔性欲最差，精子活力下降，浓度降低，死精和畸形精子比例增高。

为使公兔安全度夏，可采取以下具体措施：一是有条件的种兔场，夏季可将公兔集中饲养在隔热条件较好的小舍内，内装空调等降温设施。二是山区可利用人工和自然山洞（一般山洞都有冬暖夏凉的特点），将公兔饲养在太阳不能直射的山洞内，可保持气温在22～25℃。三是平原地区可利用大小适中的地窖，上用木材、柴草、泥灰等封盖，夏季温度可保持在22～28℃，达到公兔安全度夏的目的。

5. 母兔假孕现象

母兔排卵后未能受精，就会出现假孕现象，即出现类似妊娠母兔的假象，如出现乏情、拒绝公兔配种、食欲增加、乳腺发育、衔草做窝等。造成假孕现象的外因可能是不育公兔的性刺激，或母兔的子宫炎、阴道炎等；其内因可能是排卵后，由于黄体存在，孕酮分泌，促使乳腺激活，子宫增大，从而出现假孕现象。在生产实践中，假孕现象有时高达20%～30%。假孕现象的持续时间为16～18天，由于没有胎盘，黄体退化，孕酮分泌减少，从而终止了假孕现象。

假孕延长了产仔间隔，会降低种兔的利用率，给养兔生产带来一定的损失。应从以下几个方面引起重视：一是要养好种公兔，采用重复配种或双重配种法配种，减少母兔因配种刺激后排卵而未能受精的现象。二是要加强管理，繁殖母兔应单笼饲养，防止母兔相互爬跨，不得随意捕捉和抚摸等人为刺激。三是发现假孕母兔可注射前列腺素促使黄体消失，对生殖系统有炎症的病例应及时治疗。母兔假孕结束后立即配种，受胎率极高。

6. 胚胎损失率高

据研究测定，肉兔受孕后的胚胎在附植前后损失率较高。胚胎在附植前的损失率为11.4%，附植后的损失率为18.3%。对附植后胚胎损失率影响最大的因素是肥胖。据试验观察，配种后9日龄胚胎的存活情况，发现肥胖兔胚胎死亡率达44%，中等体况者胚胎死亡率为18%；从产仔数看，肥胖体况者，窝均产仔3～5只，中等体况者，窝均产仔6～8只。

据研究观察，如果母兔过于肥胖，体内沉积大量脂肪，压迫生殖器官，使卵巢、输卵管容积变小，影响卵子及受精卵发育，以致降低了受胎率和引起胚胎早期死亡。另外，高温应激、惊群应激、过度消瘦及疾病等因素，也会影响胚胎的存活率。据报道，当外界温度达到30℃时，受精后6天的胚胎死亡率可达

24%～45%。

7. 皮脂腺与繁殖关系

与其他畜禽相比，肉兔有4对特殊的皮脂腺，即白色鼠蹊腺、褐色鼠蹊腺、浅颌下腺、直肠腺，其分泌的特殊气味在动物通讯中具有十分重要的意义，且与肉兔繁殖有着密切关系。

据报道，4对皮脂腺分泌的特殊气味，除有指示行踪、相互识别、母仔识别作用外，还可引诱异性，促进发情。经试验，将拒绝公兔交配的母兔，置于公兔笼内24小时后，即可接受公兔交配并受胎。其原因就是公兔笼内的特殊气味具有引诱和促进母兔发情，接受配种的作用。

## 二、繁殖计划

肉兔繁殖虽无明显的季节性，一年四季均可配种繁殖，但因不同季节的温度、光照、营养状况等不同，对公、母兔的繁殖性能都有一定影响。因此，正确制定繁殖计划意义重大。

### （一）繁殖季节

据生产实践，肉兔配种繁殖一般以春季、秋季、冬季较为适宜，夏季因气候炎热，配种受胎率低、子兔死亡率高，故多不安排配种繁殖。

1. 春季

气候温和，饲料丰富，公兔性欲旺盛，母兔配种受胎率高，产仔数多，是肉兔配种繁殖的最好季节。据观察，3～5月份母兔发情率高达80%～85%，情期配种受胎率为85%～90%，平均每窝产仔数达7～8只。所以，一般兔场应力争春季能配上2胎。南方各省春季多梅雨，湿度较大，兔病较多，死亡率较高（尤其是子兔），故一定要做好防潮、防病等项工作。

2. 夏季

气候炎热，尤其是南方各省，高温多湿，母兔食欲减退，体质瘦弱，公兔常有夏季不育现象，故配种受胎率低，产仔数少。据观察，6～8月份母兔发情率为20%～40%，受胎率为10%～

30%，每窝产仔数仅2～5只，即使产仔，因哺乳母兔天热减食，泌乳量少，子兔瘦弱多病，成活率很低。但如母兔体质健壮，又有遮阳防暑条件，仍可适当安排配种繁殖。

3. 秋季

气候温和，饲草丰富、营养价值高，公兔、母兔体质开始恢复，性欲渐趋旺盛，母兔受胎率较高，产仔数较多，是肉兔繁殖的又一好时期。据观察，9～11月份母兔发情率为75%～80%，配种受胎率为60%～65%，每窝产仔数为5～7只。但秋季正值肉兔的换毛季节，营养消耗较大，所以需合理安排，一般以繁殖1～2胎为宜。

4. 冬季

气温较低，青绿饲料缺乏，营养水平下降，兔体瘦弱，配种受胎率较低，分娩时如无看护和保温设备，容易使初生子兔冻僵或冻死，成活率低。据观察，12月份至翌年2月份母兔发情率为60%～70%，配种受胎率为50%～60%，每窝产仔数为6～7只。但冬季如有较多的青绿饲料供应，又有良好的保温设备，仍可获得较好的繁殖效果，且冬繁肉兔的体质强壮，疫病较少，一般以繁殖1～2胎为宜。

（二）配种计划

肉兔每年繁殖几胎比较适宜，这要根据各地的饲料条件和管理水平而定。条件好者可多繁殖，差者宜少繁殖，一般以年繁4～5胎为宜（表2－1）。

**表2－1　肉兔年繁4胎的配种计划**

| 胎次 | 配种日期 | 分娩日期 | 断奶日期 |
|---|---|---|---|
| 1 | 2月1日 | 3月3日 | 3月30日 |
| 2 | 4月1日 | 5月1日 | 5月28日 |
| 3 | 6月1日 | 7月1日 | 7月28日 |
| 4 | 10月1日 | 11月1日 | 11月28日 |

## 三、配种方法

1. 大群自然交配

公母兔按一定比例混养在一起，任其自由交配，这种方法配种及时、防止漏配、节省人力。但公兔频繁追逐母兔，体力消耗大，公兔利用年限缩短，不能充分发挥优良种公兔的作用。容易造成近亲繁殖，兔群品质下降。不利于控制疾病传播等。在现代养兔生产中不提倡使用自然交配法。

2. 人工辅助交配

这种方法仍属于本交，由于公兔、母兔分笼饲养，与大群自然交配相比，具有可有计划地进行配种，可避免近亲繁殖和乱配，有利于提高兔群品质；可控制种兔的使用强度，延长公兔使用年限；有利于防止疾病传播等优点。

（1）具体实施方法　于傍晚时分，将公兔笼中食槽等用具取出，把母兔捉放到公兔笼中。公兔、母兔接触后，双方相互嗅闻，然后公兔追逐母兔并爬跨母兔做交配动作。如果母兔正在发情，则略逃数步即伏下等待公兔爬跨，公兔做交配动作时，举尾抬臀迎合交配。当公兔阴茎插入母兔阴道后，公兔臀部屈弓迅速射精，公兔伴随射精动作发出“咕咕”叫声，后肢蜷缩，从母兔背部滑落，倒向一侧。数秒钟后，公兔站起，再三顿足，说明交配顺利成功，可将母兔送回原笼。

公兔追逐母兔，而母兔逃避或匐伏在地，并用尾部紧掩外阴部。此时，公兔用嘴咬扯母兔的颈毛、耳朵或伏在母兔头部，频频用生殖器在母兔头部做交配动作，进行摩擦调情，而母兔仍不接受交配，这时应根据具体情况处理：①将母兔取走，让其他公兔交配。②改日再配。③认为必须配种时，可用左手抓握母兔双耳及领皮保定，右手从母兔腹下举高臀部，让公兔爬跨交配，也可交配成功。

（2）催情技术　由于母兔发情周期和发情表现并不是特别明显，为提高配种效率，最好对母兔进行催情处理。催情的技术方法主要如下。

①拍阴催情：放对前由助手保定母兔，操作者用左手提起母兔尾巴，右手以较快频率轻轻拍击其阴部，到母兔抬臀举尾时放入公兔笼中。

②按摩催情：放对前由助手保定母兔，操作者用手顺毛势抚摸母兔背毛和腹毛，使其安静，然后可在其外阴部轻轻摩擦1～2分钟，母兔外阴部出现潮红的发情征兆时，可放入公兔笼中。

③稀碘酊催情：用2%的稀碘酊涂在母兔外阴部，可刺激发情，30～60分钟后放对交配。

（3）注意事项

①必须将母兔拿到公兔笼中放对，否则易发生母兔拒配时攻击公兔，或者公兔因对环境陌生而迟迟不进行交配的现象。

②每次放对交配的时间不宜超过5分钟，母兔在5分钟内拒配时，应捉走，防止徒耗公兔精力。

③每次放对都应细致观察是否交配成功，防止空排。公兔只有交配动作，最后并无后躯屈弓蜷缩并伴随“咕咕”叫声，而是前肢缓慢从母兔背上滑下并喘粗气，表明并未交配成功。

④公、母兔交配后，应让其安静休息，20～30分钟后方可给予饮水。同时应将配种日期、公母兔编号等及时登记在配种卡片上。

3. 人工授精

在大型养兔场或养兔户比较集中的地区均可采用人工授精法，这是目前养兔业中最经济、最科学的配种方法。人工授精的优点是能够充分利用优良种公兔，迅速推广良种；可减少公兔饲养数量，降低饲养成本；能提高母兔的受胎率；减少疾病传播等。其缺点是需要有熟练的操作技术和必要的设备等。

（1）采精方法　采精是人工授精的关键环节，是一项比较复杂的技术。采精时，一般利用硬质塑料或竹筒制成的假阴道，外筒长8～10厘米，内径3～4厘米，内胎可用乳胶指套代替

(图 2－6)。假阴道在使用前需仔细检查，用 75% 酒精彻底消毒，然后用生理盐水冲洗数次，采精前从活塞气嘴处灌入 50～60℃的温水，水量以占内外壳空间的 2/3 为宜，采精时的最佳温度为 39～40℃。

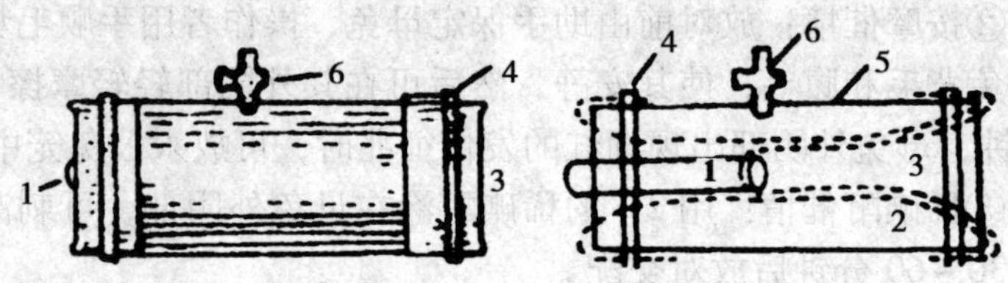


1. 集精管；2. 内胎；3. 内胎连接集精管；
4. 固定内胎橡皮圈；5. 外壳；6. 活塞

**图 2－6　假阴道构造**

采精时，为诱发公兔性欲和射精，可用发情母兔或兔皮盖住术者握假阴道的手臂，当假阴道伸向公兔笼内，经训练后的公兔就会爬跨覆盖有兔皮的手臂，将假阴道开口处对准公兔阴茎伸出方向，就可采精。

(2) 精液检查　采集的精液能否用于输精或稀释，必须通过肉眼观察和显微镜检查后才能确定。

①射精量测定：正常公兔每次射精量为 0.5～2.5 毫升。射精量多少一般不作为评定精液品质优劣的指标，但同一只公兔如果各次射精量相差悬殊，就要检查原因。

②色泽、气味检查：正常精液应呈乳白色，浑浊而不透明。如有其他颜色和臭味，表示精液异常，如色黄则可能混有尿液，色红可能混有血液，这类精液一律不能做人工输精用。

③精子活力检查：精子活力是评定精液品质好坏的重要指标。正常精子呈直线前进运动，凡呈圆周运动、原地摆动或倒退等都属不正常运动。如用百分率表示，100% 呈直线前进运动者可评为“1”级，90% 呈直线前进运动者为“0.9”级，80% 者为“0.8”级。在生产实践中要求精子活力在“0.6”级以上，

方可用于输精。

④精液酸碱度测定：精液的酸碱度可用精密试纸测定，也可用光电比色计测定。正常精液的酸碱度接近中性，酸碱度为 pH 值 6.8～7.5。如果酸碱度变化过大，表示公兔生殖道可能有某种疾患，其精液不能用于输精。

⑤精子密度测定：一般根据显微镜下精子间距大小来测定。精子间距小，每毫升含精子 10 亿个以上定为“密”；精子间距相当于 1 个精子长度，则每毫升含精子 5 亿～10 亿个，定为“中”；精子间距超过 2 个以上精子长度，则每毫升精子数在 5 亿个以下，定为“稀”。用于输精的精子密度必须在“中”级以上。

⑥精子形态检查：精子形态与受胎率关系很大，畸形精子会明显影响受胎率。正常精子具有一个圆形或卵圆形的头部和一条细长的尾部。畸形精子主要有双头双尾，大头小尾，有头无尾，尾部卷曲等。在正常精液中，畸形精子不应超过 20%。

（3）精液稀释　精液稀释的主要目的是扩大精液量和延长精液保存时间，稀释倍数一般为 1∶(5～10)。常用的稀释液主要有以下几种。

①柠檬酸钠葡萄糖稀释液：柠檬酸钠 0.38 克，无水葡萄糖 4.54 克，卵黄 1～3 毫升，青霉素、链霉素各 10 万单位，蒸馏水加至 100 毫升。

②蔗糖卵黄稀释液：蔗糖 11 克，卵黄 1～3 毫升，青霉素、链霉素各 10 万单位，蒸馏水加至 100 毫升。

③葡萄糖卵黄稀释液：无水葡萄糖 7.6 克，卵黄 1～3 毫升，青霉素、链霉素各 10 万单位，蒸馏水加至 100 毫升。

稀释后的精液如暂时不用，可保存在冰箱或内放冰块的广口瓶中，保存温度以 0～5℃ 为宜；如要长期保存可采用冷冻（－196～－79℃）法。

（4）输精技术　输精是人工授精的最后一个技术环节。由于肉兔是刺激性排卵动物，因此在输精前应对母兔进行排卵处理。常用的方法是：肌内注射促排 3 号 2 ~5 微克，静脉注射促黄体素 50 单位，静脉注射 1% ~1.5% 醋酸铜溶液 1 毫升；用结扎输精管的公兔进行交配刺激等。

通常在排卵处理后 2 ~5 小时内，用特制的兔用输精器（图 2 –7）或用 1 毫升容量的小吸管安上橡皮乳头代替输精器输精。输精前先用生理盐水擦净母兔外阴部周围的污物，分开阴唇。输精员将输精管缓缓插入阴道 5 ~6 厘米，注入稀释后的精液 0.3 ~0.5 毫升。输精完毕，最好轻拍一下母兔臀部或将母兔后躯抬高片刻，以防精液倒流。

**图 2 –7　兔用输精器**

# 第三节　肉兔饲养管理技术

## 一、饲养管理的原则

科学的饲养管理是养好肉兔的关键。实践证明，要想养好肉兔，生产大量优质兔肉，必须根据肉兔的生物学特性，在饲养管理过程中，遵守下列基本原则。

### （一）饲养原则

1. 青料为主，精料为辅

肉兔为食草动物，饲料应以青料为主，精料为辅。据试验，肉兔日粮中的青粗料应占全部日粮的 70% ~80%。肉兔采食青饲料的数量，为其体重的 10% ~30%，体重 3.5 ~4 千克的成年兔，每天采食的青草量为 400 ~450 克（表 2 –2）。

**表 2－2　肉兔每天采食青草数量**

| 体重（克） | 采食青草量（克） | 采食量占体重（%） |
|---|---|---|
| 500 | 153 | 31 |
| 1 000 | 216 | 22 |
| 1 500 | 261 | 17 |
| 2 000 | 293 | 16 |
| 2 500 | 331 | 13 |
| 3 000 | 360 | 12 |
| 3 500 | 380 | 11 |
| 4 000 | 411 | 10 |

精混料营养丰富，是肉兔生产获得高产、高效的物质基础。所以，除喂青饲料外，还应适当补喂精混料。据试验，肉兔日粮中混合精料应占全部日粮的 20%～30%，体重 3.5～4 千克的成年兔，每天应补喂混合精料 100～150 克，占其体重的 3%～5%。

2. 合理搭配，饲料多样

肉兔具有生长快，繁殖力强，新陈代谢旺盛等特点，需要供给充足的营养物质。所以，应特别强调肉兔日粮应由多种饲料组成和各种营养成分的合理搭配，以达到日粮营养成分的均衡与全价。

据生产实践，饲料多样化有助于提高日粮中蛋白质的生物学价值和利用率。例如，禾本科籽实及副产品含赖氨酸、色氨酸及蛋白质较低，豆科籽实及副产品则含量较高，合理搭配使用，就可达到营养互补作用，提高蛋白质的生物学价值和利用率。

俗话说："若要兔子好，饲喂百样草。"所以，在养兔生产中要切忌饲喂单一饲料。饲料种类越多，相对而言营养就越全面、平衡。在发达国家的肉兔生产中，常用的颗粒饲料多由 5～7 种饲料配合而成，其中粗饲料占 30%～50%。

3. 饲料调制，注意品质

肉兔对饲料的选择比较严格，凡被践踏、污染的草料，霉烂、变质的饲料，一般都拒绝采食。因此，饲喂肉兔的饲料必须清洁、新鲜。为了改善饲料的适口性，提高消化率，各种饲料在饲喂前必须适当加工、调制。

青草和蔬菜类饲料应先剔除有毒、带刺植物，如受污染或夹杂泥沙则应清洗晾干再喂。水生饲料更要注意清除霉烂、变质和污染部分，晾干后再喂。对含水量高的青绿饲料应与干草搭配饲喂，单喂效果不好。

粗饲料（干草、秸秆、树叶等）应先清除尘土和霉变部分，最好粉碎成干草粉与精料混喂或制成颗粒饲料饲喂。

块根饲料，要经过挑选、洗净、切碎；最好切成细丝与精料混合饲喂；冰冻饲料一定要解冻或煮熟后方可饲喂。

谷物饲料（大麦、小麦、玉米等）和油饼类饲料均需磨碎或压扁，最好与干草粉拌湿或制成颗粒饲料饲喂。

实践证明，注意饲草、饲料的品质，还必须做到“十不喂”：不喂霉烂、变质饲料；不喂带雨、露水的青绿饲料；不喂粪、尿污染的饲料；不喂农药污染的饲料；不喂冰冻饲料；不喂发芽马铃薯和带黑斑病的甘薯；不喂未经蒸煮或焙烤的豆类饲料；不喂有毒植物；不喂大量的牛皮菜、菠菜等；不喂大量的紫云英等青绿饲料。

4. 定时定量，少给勤添

肉兔的饲喂方式有3种：第一种为自由采食，即经常备有饲料和饮水，任其自由采食，一般大型养兔场多采用这种方式，常用的饲料为全价颗粒饲料，优点是能充分发挥肉兔的生产性能。第二种为定时定量，即限量饲喂，每天喂兔的饲料数量、饲喂时间和喂料次数都是一定的，这样可使肉兔养成良好的采食习惯，增进食欲，有利于饲料的消化吸收。每天饲喂次数，一般成年兔为3~4次，青年兔4~5次，幼兔可增加到5~6次，通常精料分2次喂给，青料分3次喂给。第三种为混合法，即基础饲料（青饲料、粗饲料等）采取自由采食方式，补充饲料（精饲料或颗粒饲料）采取限量饲喂。

根据生产实践，要养好肉兔，应按营养需要和季节特点，制定出喂兔的操作日程，并要保持相对稳定，不要时早时迟，也不能饥饱不均。在饲喂过程中，要掌握先喂草，后喂料，这样既能让兔吃饱吃好，又能使饲料得到充分消化，提高饲料转化率。根据肉兔昼静夜动的特点，饲喂时应掌握早餐要早，晚餐要晚，中餐要精的原则。群众有“肉兔无夜草不肥”的说法，特别是冬季更应注意这一点。

5. 添加夜草，供足饮水

肉兔有夜食的习性，夜间的采食量和饮水量均大于白天。因此，应添足夜草，特别对肥育兔，夜饲可以达到更佳的肥育效果，尤其是夏季（白天气温高，食欲差）和冬季（夜间长，易饥饿），更应如此。

保证饮水对肉兔的生长、健康和生产性能的正常发挥是非常重要的。据观察，肉兔的饮水时间多在采食干饲料后，每次饮水10～20毫升，幼兔、哺乳母兔、妊娠母兔饮水量较多，如果供水停止时间过长则容易引起暴饮而导致消化道疾病。所以，要养好肉兔，必须供给充足饮水，据试验测定，充足供水的肉兔日增重为限量供水肉兔的20～25倍。

(二) 管理原则

1. 保持安静，减少应激

肉兔胆小怕惊，一旦受到骚扰、追捕、转群等应激，就会引起精神不安，食欲减退，甚至患病死亡。据试验，饲养在安静笼舍中的3～4月龄青年兔，每月增重可达0.5～0.8千克；而饲养在经常受到骚扰笼舍中的同龄青年兔，则增重很少，甚至没有增重。因此，在日常管理中，操作时动作要轻、稳；避免外界的嘈杂声音或突发噪声；防止狗、猫、鼠、蛇等敌害的侵袭。

2. 栏舍干燥，注意卫生

兔舍污秽潮湿是导致兔群发病及传播的主要原因。因此，保持栏舍清洁、干燥是养好肉兔的关键措施之一，必须每天清扫笼舍，及时清除粪便，定期洗刷饲具，经常更换垫草，防止环境污浊潮湿。特别是雨季，必须做好防潮、通风工作。降低湿度的有效方法是注意栏舍通风，每隔数天在栏舍内撒生石灰或草木灰1次。

3. 分群饲养，注意观察

为适应肉兔的生长发育和配种繁殖，应分群管理，按年龄、性别、品种等分成公兔群、母兔群、青年兔群、幼兔群等，每群15～20只。目前，有些地方不按性别、年龄的混合群养法是很不科学的，生产上不便管理，经济上也会受到一定损失，应加以改进。3月龄以后的幼兔和留种的青年兔，随着年龄和体型的增大，应由群养逐渐改为笼养，每笼由3～4只逐步改为1～2只。

每天仔细观察兔群也是管理工作中的一个重要内容，重点观察兔群的食欲、饮欲、粪便状况、行为表现、鼻、眼及皮毛状况等，发现问题及时处理。

4. 加强运动，增强体质

运动对种兔来说，非常必要，可以增强体质，提高性欲和繁殖性能，还可以减少呼吸道疾病等。笼养兔每周应放出自由运动1～2次，每次运动0.5～1小时。放出运动时，应将公兔、母兔分开，避免乱交滥配，同性兔在一起运动时，要注意防止互相咬打，运动后应将公、母兔分别放回原笼。另外，运动场地面必须平坦踏实，以防打洞逃跑。

5. 夏季防暑，冬季防寒

肉兔怕热，当兔舍温度超过25℃时，就会影响食欲；舍温超过30℃时，就会表现呼吸急促，对食欲、生长、繁殖及生命都会带来危害。因此，高温季节应做好防暑降温工作，兔舍周围可种植葡萄、丝瓜等攀缘植物，舍温超过30℃时，可在屋顶洒水降温。肉兔比较耐寒，寒冷不致严重威胁肉兔的生命，但当舍温低于10℃时，仍会影响肉兔的正常采食、活动和繁殖性能。所以，严冬季节也要做好防寒保暖工作，如关闭门窗，防止贼风，加铺垫草等。

## 二、种公兔的饲养管理技术

俗有“母好好一窝，公好好一坡”的说法，说明种公兔的品质对兔群的影响比母兔大。种公兔的品质优劣主要体现在配种能力上，种公兔的配种能力取决于营养的供给，特别是蛋白质、矿物质和维生素等营养物质，对保证精液品质有着重要作用。种公兔每次射精量在 0.4 ~ 1.5 毫升。每毫升精液中的精子数在 0.7 亿 ~2.0 亿个。

1. 种公兔的饲养技术

（1）精液中除水分外，主要是由蛋白质构成，包括白蛋白、球蛋白、黏液蛋白、核蛋白等，这些都是高质量的蛋白质。生成精液的必需氨基酸有赖氨酸、色氨酸、精氨酸、胱氨酸、组氨酸等，其中以赖氨酸为最多。除形成精液外，在性机能活动中的激素和各种腺体的分泌物以及生殖器官本身也都随时需要蛋白质加以修补和滋养。这些蛋白质和必需氨基酸都需要从饲料中提供，所以，精液的产生与饲料中蛋白质的质量关系最大，动物性蛋白质对精液的生成和作用有着更显著的效果。日粮中加入动物性饲料可使精子活力增强，并使受精率提高。实践证明，对精液品质不佳，配种能力不强的公兔，适量喂给鱼粉、豆饼、苜蓿等优质蛋白质饲料，可以改善精液品质，提高配种能力。

（2）维生素对精液品质也有显著改善作用。维生素缺乏时，精子数目减少，异常精子数增加。后备公兔日粮中维生素缺乏时，生殖器官发育不健全。睾丸组织不发达，性成熟推迟。常年饲喂颗粒饲料时，应注意添加维生素，特别是维生素 A。

（3）矿物元素特别是钙缺乏会引起精子发育不全，活力降低，公兔四肢无力。日粮中加入 2% 的骨粉即可满足公兔对钙的需要。磷是核蛋白形成的要素，也是精液产生的必需元素。日粮中配有谷物和糠麸时，磷一般不会缺乏，加入骨粉则更为稳妥，要注意钙、磷比例，以（1.5 ~2）：1 为宜。锌对精子成熟有重要作用。缺锌时，精子活力降低，畸形精子增多。在生产中，种公兔日粮中添加微量元素添加剂，可保持种公兔具有良好的精液品质。

（4）种公兔颗粒饲料参考配方见表2－3。

**表2－3　种公兔日粮参考配方**

| 饲料 | 非配种期日粮组成（%） | 配种期日粮组成（%） |
| --- | --- | --- |
| 苜蓿草粉 | 40 | 40 |
| 玉米秸粉 | 15 | 5 |
| 玉米 | 15 | 15 |
| 小麦 | 10 | 10 |
| 麸皮 | 15 | 16 |
| 豆饼 | 9 | 10 |
| 鱼粉（国产） | — | 25 |
| 骨粉 | 0.5 | 1 |
| 食盐 | 0.5 | 0.5 |

（5）种公兔的营养供给不仅要全面，而且要做到长期稳定。因为精子是由睾丸中的精细胞发育而成的，精细胞健全，才能产生活力旺盛的精子。而精细胞的发育需要较长的时间，故营养物质的供给也需要一个长期稳定的过程。试验证明，用优质饲料改善公兔的精液品质时，需20天左右的时间才能见效。因此，对一个时期集中使用的种公兔，应注意在1个月前调整日粮配方，提高日粮的营养水平，特别注意增加动物性饲料，以满足种公兔对营养的需求，达到改善精液品质，提高受胎率的目的。

（6）对种公兔，自幼则应注意饲料的品质，不宜过多饲喂体积大，水分含量高的饲料，以免公兔腹大，种用性能差。

2. 种公兔的管理技术

（1）种公兔自幼就应进行严格选育，3月龄时即应单笼饲养，严防早配。

（2）适时初配，青年公兔须注意适时参加配种，过早过晚初配都会影响公兔的性欲，降低配种能力。一般大型品种家兔的初配年龄是 8 月龄，中型品种为 7 月龄。

（3）种公兔应饲养在距母兔较远的笼内。配种时将母兔捉送到公兔笼内。

（4）合理使用种公兔。种公兔的使用应掌握合理的强度，不要过度使用。青年公兔 1 天配种 1 次，连用 2～3 天，休息 1 天，壮年公兔 1 天配种 1 次，1 周休息 1 天或 1 天 2 次，连用 2～3 天，休息 1 天，日配种 2 次时，间隔时间至少应在 4 小时以上。

（5）种公兔换毛时期以及高温季节，应减少配种，甚至应停止配种。

（6）长期不用的种公兔，应定期放入母兔笼或母兔群中刺激性欲，以免性欲下降，精液品质变差。配种使用期间，如公兔出现消瘦现象，应停止配种，及时查明原因，改善营养，待膘情恢复后再参加配种。

（7）种公兔兔笼应保持清洁干燥，经常洗刷消毒。种公兔应每周放出运动 1～2 次，每次 1～2 小时，以增强其体质。

（8）做好配种记录，以便观察总结每只公兔的配种性能，更好地选育后代。

**三、种母兔的饲养管理**

种母兔是兔群的基础，养好种母兔的目的在于提供数量多、品质好的子兔。要想发展肉兔生产，必须加强对空怀、妊娠和哺乳母兔的饲养管理。

1. 空怀母兔的饲养管理

母兔空怀期是指子兔断奶到再次配种妊娠的一段时期。空怀母兔由于哺乳期消耗了大量养分，体质瘦弱，为了尽快恢复体力，需要提供各种营养物质以补偿和提高空怀母兔的健康水平。

（1）饲养方面　饲养空怀母兔应以青绿饲料为主。在青草丰盛季节，体重 3～5 千克的母兔每天可喂给青绿饲料 600～800

克，混合精料 20～30 克；在青草淡季，可喂给优质干草 125～175 克，多汁饲料 100～200 克，混合精料 35～45 克。空怀母兔应保持七八成膘的肥度，过肥过瘦都会影响发情、配种，应及时调整日粮中蛋白质和糖类的比例。对过瘦母兔应在配种前 15 天左右增加精料喂量，迅速恢复其体膘；对过肥母兔应减少精混料喂量，增加运动量。对长期不发情的母兔除应改善饲养管理条件外，还可采用人工催情。

（2）管理方面　对空怀母兔的管理应做到兔舍内空气流通，兔笼及兔体要保持清洁卫生，对长期照射不到阳光的兔子要与光照充足的兔子调换位置，以促进机体的新陈代谢，保持母兔性功能的正常。年产 4 胎的种兔，每胎休产期为 10～20 天；年产 7～8 胎者就没有休产期，子兔断奶前就得配种，断奶后就是妊娠期。如果母兔体质过于瘦弱，就应适当延长休产期，不能为单纯追求繁殖胎数而忽视母兔的健康，严重影响种兔的利用年限。

2. 妊娠母兔的饲养管理

母兔在妊娠期间所需的营养物质，除维持本身需要外，还要满足胚胎、乳腺发育和子宫增长的需要，所以需要消耗大量营养物质。

（1）饲养方面　饲养妊娠母兔，首先要供给全价营养物质，根据母兔的生理特点和胎儿的生长发育规律，采取正确的饲养措施。妊娠前期（胚胎期和胎前期，即妊娠后 1～18 天），因母体器官和胎儿的增长速度很慢，所需营养物质不多，饲养水平稍高于空怀母兔即可。妊娠后期（胎儿期，即妊娠后 19～30 天），因胎儿生长速度很快，需要营养物质很多，饲养水平应比空怀母兔高 1～1.5 倍。据测定，体重 3 千克的母兔，妊娠期胎儿和胎盘的总重量可达 650 克以上，其中干物质为 16.5%，蛋白质为 10.5%，脂肪为 4.3%。矿物质为 2 9%。21 日胎龄时，胎儿体内蛋白质含量为 8.5%，27 日胎龄时为 10.2%，初生时为 12.6%。由此可见，加强妊娠母兔的饲养，提供全价营养，对增进母兔健康，促进胎儿发育均有重要作用。

饲养妊娠母兔，对膘情较好者可采用先青后精的方法，即妊娠前期以青绿饲料为主，每天每只喂青绿饲料 800 ~ 1 000克，另外可补喂混合精料 35 ~ 40 克，骨粉 1.5 ~ 2 克，食盐 1 克，到妊娠后期再适当增加精混料喂量，以满足胎儿生长的需要；对膘情较差的母兔，从妊娠开始就应采取“逐日加料”的饲养法，每天每兔除喂给青绿饲料 600 ~ 800 克外，还应补喂混合精料 50 ~ 70 克，骨粉 2 ~ 2.5 克，食盐 1 克，以迅速恢复体膘，满足母兔本身和胎儿生长的需要。

妊娠母兔所需的营养物质以蛋白质、矿物质和维生素最为重要。蛋白质是构成胎儿的重要营养成分，钙和磷是胎儿骨骼生长所必需的物质。如饲料中蛋白质含量不足，则会引起子兔死胎增多，初生重降低，生活力减弱；矿物质缺乏，会使子兔体质瘦弱，死亡率增加；维生素缺乏，则会导致畸形、死胎与流产。

（2）管理方面　妊娠母兔的管理，主要是加强护理，防止流产。母兔流产一般在妊娠后 15 ~ 25 天内发生。引起流产的原因可分为营养性、机械性和疾病性等。营养性流产多因营养不全，突然改变饲料，或因饲喂发霉变质、冰冻饲料等引起；机械性流产多因捕捉、惊吓、挤压、摸胎方法不当等引起；疾病性流产多因巴氏杆菌病、沙门氏菌病、密螺旋体病及其他生殖器官疾病等引起。为了杜绝流产的发生，母兔妊娠后必须 1 兔 1 笼，防止挤压；不要无故捕捉，摸胎动作要轻；饲料要清洁、新鲜，不要任意更换；发现有病母兔应查明原因，及时治疗。

管理妊娠母兔，还需做好产前准备工作。一般在临产前 3 ~ 4 天就要准备好产仔箱，经清洗、消毒后在箱底铺垫一层晒干、敲软的稻草，临产前 1 ~ 2 天放入笼内，供母兔拉毛筑窝，产房应有专人负责，冬季室内要防寒保暖，夏季要防暑防蚊。

3. 哺乳母兔的饲养管理

母兔在哺乳期间是负担最重的时期，饲养管理的优劣对母兔、子兔的健康和生长发育都有很大的影响。

（1）饲养方面　母兔在哺乳期间，每天可分泌乳汁 60～150 克，高产母兔可达 200～300 克。兔奶除乳糖含量较低外，蛋白质含量为 13%～15%（比牛奶高 3.4 倍），脂肪含量为 12%～13%（比牛奶高 3 倍），矿物质含量达 2%～2.2%（比牛奶高 2.7 倍）。因此，哺乳母兔为了保证自身的营养需要和分泌足够的乳汁，需要消耗大量的营养物质，饲养水平应高于空怀母兔和妊娠母兔，特别要保证足够的蛋白质、矿物质和维生素。夏季、秋季的饲料可以青绿饲料为主，每天每只兔可饲喂青绿饲料 1 000～1 500克，混合精料 50～100 克；冬、春季节，每天每只兔可饲喂优质干草 150～300 克，青绿、多汁饲料 200～300 克，混合精料 50～100 克。如果所喂饲料不能满足哺乳母兔的营养需要，就会动用体内贮存的大量营养物质，从而降低母兔体重，损害母兔健康，影响泌乳量。

饲养哺乳母兔的优劣，一般可以根据子兔的生长和粪便情况进行辨别。如果母兔泌乳旺盛，子兔吃饱后腹部胀圆，肤色红润光亮，安睡不动；如果母兔泌乳不足，则子兔腹部空瘪，肤色灰暗无光，乱爬乱抓，经常发出“吱吱”叫声。另外，如产仔箱内清洁、干燥，很少有子兔粪尿，则说明哺乳正常，饲养很好；如产仔箱内积留尿液过多，则说明母兔饲料中含水量过高；如粪便过于干燥，则说明母兔饮水不足；如果饲喂发霉变质饲料，还会引起子兔消化不良，甚至泻痢。

目前，有些养兔场采用母兔与子兔分开饲养、定期哺乳的方法，即平时将子兔从母兔笼中取出，安放在适当地方，哺乳时将子兔送回母兔笼内，分娩初期可每天早、晚各哺乳 1 次，每次 10～15 分钟；20 日龄后可每天哺乳 1 次。采用这种饲养方法的优点是可以了解母兔的哺乳情况，及时调整饲养水平。

（2）管理方面　哺乳母兔的管理，一是要防止乳房炎。引起哺乳母兔乳房炎的原因很多，有母兔泌乳过多，子兔太少，乳汁过剩引起的；有母兔泌乳不足，子兔过多，引起争食而咬伤乳头造成的。所以，要有针对性地加以及时防治，对于泌乳过多而产仔少者，可采取寄养法；对于奶水不足的母兔，可加喂黄豆、米汤或红糖水，也可喂给催乳片。二是要搞好笼、舍的环境卫生，保持兔舍、兔笼的清洁、干燥。三是要做好夏季的防暑和冬季的保暖工作。

## 四、子兔的饲养管理

子兔出生后，生活环境发生了急剧变化，而子兔的器官发育尚不完全，调节功能差，适应能力弱，很容易死亡。所以，必须采取有效的饲养管理措施，以提高子兔的成活率。

根据子兔的生理特点，子兔阶段可分为睡眠期和开眼期，这是子兔生长发育阶段中非常重要而又很难饲养的时期。

### 1. 睡眠期子兔的饲养管理

从子兔出生到 12 日龄左右为睡眠期。刚出生的子兔，体表无毛，眼睛紧闭，耳孔闭塞，体温调节能力很差，消化器官发育尚不完全，如果护理不当，很容易死亡。

（1）饲养方面　睡眠期的子兔，生长发育很快，初生体重仅 50 ~ 60 克，1 周龄体重可增加 1 倍左右，10 日龄体重可达初生重的 3 倍以上。因此，子兔出生后应尽量让其吃上奶、吃足奶。而经常处于饥饿状态的子兔，往往生长发育不良，死亡率很高。特别是母兔分娩后 1 ~ 2 天内分泌的初乳，营养丰富而又具轻泻作用，有利于促进子兔生长，排尽胎粪。所以，应设法使子兔尽早吃上初乳。

睡眠期子兔，除了吃奶就是睡觉。在此期间，子兔的新陈代谢非常旺盛，吃下的乳汁大部分被消化吸收，很少有粪便排出。因此，饲养睡眠期的子兔，只要能够吃饱奶、睡好觉，就能保证其正常的生长发育。

（2）管理方面　睡眠期子兔的管理要非常细致。养兔的实践表明，要提高睡眠期子兔的成活率，可采取以下措施。

①寄养子兔：在生产实践中经常出现有些母兔产仔多，有些母兔产仔少。为此，必须做好子兔的调整寄养工作，一般泌乳正常的母兔可哺育子兔6～8只。其方法是将出生日期相近的子兔（以不超过2～3天为宜），从产仔箱中取出，按体型大小，体质强弱分窝，然后在子兔身上涂抹数滴母兔乳汁或尿液，以扰乱其嗅觉，防止母兔拒绝寄养，发生咬伤或咬死子兔的现象。

②强制哺乳：有些母兔护仔性不强，尤其是初产母兔，产仔后拒绝哺乳，使子兔缺奶挨饿，如不及时处理，就会导致子兔死亡。强制哺乳的方法是将母兔固定在产仔箱内，使其保持安静，然后将子兔安放在母兔乳头旁，让其自由吮吸，每天进行1～2次，连续3～5天后，大多数母兔就会自动哺乳。

③人工哺乳：如果子兔出生后母兔死亡、无乳或患乳房炎等疾病不能哺乳或无适当母兔寄养时，可采用人工哺乳。人工哺乳可用牛奶、羊奶或炼乳等代替（1周内加水1～1.5倍，1周后加水1/3，2周后可用全奶）。也可用豆浆、米汤加适量食盐代替，温度保持在37～38℃。喂时可用玻璃滴管或注射器，任其自由吮吸。

④防寒保暖：初生子兔的抗寒能力很差，极易引起受冻死亡。据试验，子兔保温室的温度最好能保持在15～20℃。一旦发现子兔受冻，就应及时保温抢救，一般可将受冻子兔放入40～50℃的温水中，露出口鼻并慢慢摆动，或用25瓦灯泡照射取暖（可将灯泡吊装在离兔群10厘米左右的产仔箱上），效果很好。

⑤防止鼠害：子兔出生后4～5天内最易遭受鼠害，有时会发生全窝子兔被老鼠残食。应特别注意将兔笼、兔窝严密封闭，勿使老鼠入内。在无法堵塞笼、窝漏洞的情况下，可将产仔箱统一编号，夜间集中防护，白天送回原笼，定时哺乳。

2. 开眼期子兔的饲养管理

子兔开眼之后就要经历出箱、补料、断奶等阶段，这是养好子兔的第二个关键时期。

（1）饲养方面　开眼后的子兔生长发育很快，而母乳已开始减少，满足不了子兔的营养需要，所以必须及早抓好补料关。据生产实践，一般子兔在 15 日龄左右就会出巢寻找食物，此时就可开始补料，喂给少量营养丰富而容易消化的饲料，如豆浆、豆渣和切碎的幼嫩青草、菜叶等。20 日龄后可加喂适量麦片、麸皮、玉米粉和少量木炭粉、维生素、矿物质和大蒜、洋葱等，以增强体质，减少疾病。

（2）管理方面　开眼期的子兔是比较难养的时期，在管理方面应抓好以下几项工作。

第一，子兔开眼时要逐个检查，发现开眼不全的，可用药棉蘸取温开水洗净封住眼睛的黏液，帮助子兔开眼。

第二，子兔胃小，消化力弱，但生长发育很快，开始补料时应少喂多次，最好每天 5～6 次，30 日龄后可逐渐转为以饲料为主，并做好断奶前的准备工作。

第三，子兔开食后最好与母兔分笼饲养，每天哺乳 1 次，这样可使子兔采食均匀，安静休息，减少接触母兔粪便的机会，以防感染球虫病。

第四，子兔一般在 28～30 日龄断奶，断奶时应采用离奶不离笼的办法，尽量做到饲料、环境、管理三不变，以防发生各种应激反应。

第五，子兔开食后粪便增多，并开始采食软粪。据实践经验，此时子兔不宜过量喂给含水分高的青绿饲料，否则容易引起腹泻、肚胀而死亡。

**五、幼兔和中兔的饲养管理**

1. 幼兔饲养

幼兔是指断乳后到 3 月龄的生长兔。这个时期是肉兔最难饲养的阶段，与其生理特点有密切关系。

（1）幼兔的生理特点　幼兔阶段是家兔生长速度最快的时

期，又正值第一次年龄性换毛，营养需求量高，表现为贪吃，但消化系统的发育尚不完善，特别是肠道内还未形成正常的微生物群系，对食物的消化力较弱，容易引起消化紊乱和腹胀、腹泻，使幼兔发育不良并死亡；幼兔阶段是建立主动免疫的时期，由于母源抗体已基本消耗殆尽，本身免疫水平又不高，所以，对疾病的抵抗力较弱，容易受到兔瘟病毒、巴氏杆菌、魏氏梭菌等病原菌的侵袭而发病死亡；由于胃内酸度尚未达到成年兔的强度，阻抗微生物侵入的关卡功能较弱，易感染球虫及其他病菌，发生消化道炎症，这也是导致幼兔死亡的重要原因之一。幼兔消化道发生炎症时，肠壁的通透性显著增强，一些大分子量的有害物质便容易经肠壁进入血液循环。所以，幼兔肠道发炎时往往伴发毒血症，死亡率较高。

（2）肉兔饲养管理技术要点　根据幼兔的生理特点，其饲养管理应抓住以下要点。

①日粮在保证营养水平高，营养全面的同时，要适当提高粗纤维的水平，以减少发生消化道疾病。

②饲料一定要新鲜、清洁、体积小、适口性好。能量饲料中应适度降低玉米用量，相应增加麦类用量，防止“后肠碳水化合物负荷过重”而导致腹胀、腹泻。

③日粮中加入一定量的具有收敛、止泻作用的物料，如炒熟的高粱、腐殖酸钠、沸石粉、活性炭等，对预防腹泻有一定作用。

④日粮中预防性投药，特别是抗球虫药物，应在断乳后连续或定期使用，防止暴发球虫病。

也可以考虑在幼兔日粮中使用有机酸，如乳酸、富马酸、丙酸、柠檬酸、甲酸等混合物，特别是断乳后两周内的幼兔日粮中添加有机酸，可起到良好作用，如弥补胃酸分泌的不足，减少大肠杆菌侵入；提供消化道完整的酸化作用，有利于肠道正常菌系的建立，减少下痢；活化胃蛋白酶原，并能与矿物质结合成络合物，增加钙、磷吸收。使蛋白质等营养物质的消化吸收更加完全，促进生长发育和健壮等。子兔及幼兔日粮参考配方（表2-4）。

**表2-4　子兔和幼兔日粮**

| 饲料 | 子兔日粮 | 幼兔①日粮 | 幼兔②日粮 |
|---|---|---|---|
| 苜蓿草粉 | 28 | 25 | 25 |
| 玉米秸粉 | 2 | 5 | 5 |
| 玉米 | 20 | 20 | 20 |
| 小麦 | 18 | 15 | 15 |
| 麸皮 | 13 | 11 | 15 |
| 豆饼 | 13 | 16 | 15 |
| 高粱（炒至略糊焦） | 3 | 2 | 2 |
| 鱼粉（国产） | 2 | 2 | 2 |
| 骨粉 | 0.5 | 0.5 | 0.5 |
| 食盐 | 0.5 | 0.5 | 0.5 |
| 乳酸宝 | — | 3 | — |

注：（1）幼兔①日粮在断乳后1~2周饲喂；（2）幼兔日粮应另加维生素、微量元素预混料和抗球虫药物；（3）幼兔②日粮饲喂至12周龄。

⑤注重饲喂技术：每天定时定量供给饲料，少给勤添。一次加料过多，幼兔贪吃而采食过量，易发生消化道疾病。每天的供料量应随着幼兔的生长发育逐渐增加，防止料量突然增加或日粮成分突然改变。

2. 中兔饲养

中兔是指从3月龄到初次配种这一时期的生长兔，也称育成兔。

中兔体重已较重，故采食量也大，发育仍较快，而且性腺发育加快，逐渐表现出性行为。中兔各种系统的发育已趋完善，耐粗饲能力、适应环境能力及抗病能力均显著增强，是比较容易饲养的时期，但也是容易忽视饲养管理的时期。如果饲养管理工作过于粗放，中兔生长缓慢，到适配年龄时达不到标准体重，其繁殖性能则会大打折扣，繁殖质量较差。因此，生产中也不能忽视中兔的饲养管理。

中兔的耐粗饲能力增强，日粮中粗纤维的水平可以提高到14%左右（表2-5）。

**表2-5　中兔的日粮**

| 饲料 | 日粮1（%） | 日粮2（%） |
| --- | --- | --- |
| 苜蓿草粉 | 40 | 35 |
| 玉米秸粉 | 5 | 2 |
| 花生秧粉 | 0 | 10 |
| 玉米 | 13 | 13 |
| 小麦 | 13 | 13 |
| 麸皮 | 20 | 18 |
| 豆饼 | 6 | 6 |
| 鱼粉（国产） | 2 | 2 |
| 骨粉 | 0.5 | 0.5 |
| 食盐 | 0.5 | 0.5 |

在管理上，为了防止早配、乱配，必须把公母兔分开饲养。在4月龄后进行一次选种工作，把体质健壮，符合品种要求的留作种用，并实行单笼饲养，加强培育。不合乎种用要求的及时催肥上市，另外，对清洁卫生、防病等工作也要认真对待。

# 第三章　毛兔的高效养殖技术

## 第一节　兔舍的环境控制

家兔生产水平的高低主要决定于家兔的品种，即家兔的内在遗传潜力；其次，所处的生活环境也是一个很主要的制约因素，尤其在兔舍内高密度笼养的情况下，环境条件对兔的生产能力影响极大。环境条件包括温度、气流、光照、通风等气候环境，以及舍内有害气体、尘土、空气中的病原微生物、噪声、笼养密度等理化因素。

气候对家兔的影响主要有以下几方面。

**一、温度**

温度对兔的生长发育、性成熟、育肥、生殖力、皮毛质量以及饲料利用率等都有很大影响，兔在适宜温度范围内处于最佳生理状态和表现出良好的经济性能。兔是恒温动物，平均体温为38.3～39.5℃。子兔出生后1周内全身裸露无毛，体温调节功能尚未健全，对周围环境温度的变化十分敏感，因而产箱内局部温度必须保持在30～32℃。而随着子兔日龄的增长，适宜温度逐渐降低，断奶1周内的幼兔最适宜的饲养温度为24℃。兔的消化酶体系完全形成时期是在43～46日龄，此时环境温度应保持在20～25℃。105日龄青年兔的适宜温度基本与成年兔接近，一般为15～20℃。

家兔在不同年龄阶段需要的最适宜温度初生子兔产箱内的适宜温度为30～32℃；成年兔为10～25℃；商品兔育肥最佳温度环境为5～25℃；育肥成年兔舍内温度为15～25℃。冬繁兔舍温度最低应控制在 10～15℃才能有较高的发情率，以利于配种；兔舍内成年兔的适宜温度为 14～16℃；断奶前后兔最适宜温度为 20～25℃；45 日龄的幼兔适宜温度为 18～21℃；成年家兔最适宜的生活繁殖温度为 15～25℃；子兔保温室的温度最好要保持在 15～20℃；人工哺乳的代用乳温度应保持在 32～38℃；冬季给子兔饮水时，水温应保持在 15～20℃。

**二、湿度**

研究证明，潮湿空气的导热性为干燥空气的 10 倍。兔舍湿度越大，温度越低，家兔越感寒冷；高温高湿环境，家兔越感闷热。兔舍内的适宜相对湿度为 60%～70%。

**三、光照**

由于兔是昼伏夜行动物，因此对光照的敏感性不强。但光照可促进兔的新陈代谢过程，增进食欲，促进机体的钙、磷代谢；阳光还能杀菌。可使兔舍干燥，有助于预防疾病。光照太短，强度不够，会影响公兔、母兔的性欲和受胎率，但持续光照超过 16 小时，又会引起公兔睾丸重量减轻和精子数量减少。所以种公兔的光照为 12～14 小时，母兔的光照为 14～16 小时，其他兔的光照，每日以 8～10 小时为好。但应避免光线过强，尤其要避免夏季的直射光照。

兔繁殖虽然没有季节性，但多年的生产实践证明，在 3～7 月份长时间日照时期受胎率最高。母兔在稳定的人工光照条件下要比在自然光照条件下繁殖率高。

**四、空气**

兔舍中的有害气体主要有氨、硫化氢和二氧化碳。在夏季兔舍门窗打开，一般不会产生危害。而在严寒的冬季，特别是北方为防寒保暖，门窗关闭，有的还用塑料布封闭窗户，兔舍内空气不流通，再加舍内温度在 0℃以上，兔粪尿分解产生氨等有害气体。这些有害气体如浓度超标，就会刺激兔的鼻黏膜，引起冲血水肿和分泌物增多，诱发鼻炎、巴氏杆菌病。

### 五、气流

为保持兔舍内适宜的温度和湿度，排除有害气体和其他一些对兔的健康有害的因素，保持兔舍内空气新鲜，必须考虑兔舍的通风换气和空气的流速。如果兔舍内小气候环境不好，温度高、湿度大、风速快，有害气体又多，极易导致兔群发生呼吸道疾病。因此，保持兔舍内的空气流速和流量，对调节小环境内的小气候起着关键作用。

### 六、噪声

家兔在自然界中是一个弱小的动物，胆小怕惊，拖拉机发动声和鞭炮声等都可以引起家兔的不安，在笼中乱窜、碰撞而发生损伤；在突然的声响下。可使兔发生流产或胚胎死亡，哺乳母兔咬死子兔。有报道称，新年燃放鞭炮时，吓死不少兔子。因此，在兔场选址，兔舍设计时应考虑周围和噪声情况，尽量避免噪声的出现，减少损失。

## 第二节　毛兔的繁育技术

### 一、繁育特性

1. 繁殖力强

长毛兔是多胎多仔动物，繁殖力强，一年四季均可以发情交配、妊娠产仔，其中春秋两季气温适宜的时期繁殖性能最好。

长毛兔的妊娠期短，一般为 28～32 天，平均 30 天，产后不久即可配种受胎；长毛兔性成熟早，3 月龄公兔即能产生成熟的精子，有配种能力，3 月龄母兔能产生成熟的卵子，接受公兔的交配和妊娠；7～8 月龄母兔，就可以产第一胎子兔，表现为极强的繁殖力。

2. 刺激排卵

长毛兔在性成熟后，卵巢上发育成熟的卵泡，没有公兔的交配刺激，卵泡不会破裂，卵子不能自行排出而被机体吸收，这种现象称为刺激排卵。根据刺激排卵的特性，对发情尚没有达到旺期的母兔，用性欲很强的公兔，采用人工辅助强制交配的方法，也能使母兔受配和妊娠。

3. 假孕现象

有的母兔受到性刺激后排卵但未受精，或受精后胚泡未附植在子宫黏膜上，这时的母兔拒绝公兔再爬跨交配，腹部渐大，乳房膨胀，后期也有衔草絮窝的现象，可到了预产期不见产仔也未见流产，这种现象称假孕现象。假孕现象持续时间一般为16~18天，由于没有胎盘，黄体逐渐消失，孕酮分泌量减少，从而使假孕终止。

4. 双子宫与阴道射精

长毛兔的子宫是原始的双子宫型，无明显的子宫体，两个子宫颈口均开口于阴道内，有利于分娩产仔，缩短产程。长毛兔母兔的阴道长而公兔的阴茎短，这种奇特的生殖器官结构，决定了公兔射精的位置在阴道。长毛兔子宫颈中间有隔膜，在自然交配的情况下，不会影响双子宫受胎，但在进行人工授精时，输精管不能插得过深，以免插入一侧子宫颈口，造成只有一侧子宫妊娠的现象。

5. 公兔夏季不育现象

长毛兔对外界环境温度反应极为敏感，当外界温度高于32℃时，会导致公兔体重减轻，性欲下降，射精量减少，精子密度降低，死精和畸形精子数增加，从而引起配种困难，繁殖力下降，此种现象称为公兔夏季不育。

## 二、毛兔的配种

### （一）配种时间

春季、秋季最好安排在上午8：00~11：00时，夏季利用较凉爽的早晨，冬季利用晴暖天气的中午。天气良好、气温宜人的时间最适宜种兔交配。喂料前、后1小时不宜配种，气温恶劣不宜配种。

（二）配种时机

（1）一般在子兔断奶后 1 ~ 3 天配种受胎率最高。有的在产后 1 ~ 2 天（24 小时后）就配种，称作“血配”。也有的母兔产后 7 ~ 10 天或 14 ~ 16 天内配种的。

（2）母兔在发情期间，外阴部呈现规律性的变化，以此来判定发情与否及确定最佳的交配时间。母兔发情持续 2 ~ 3 天，外阴部红润且有黏液。由粉红色带有血丝逐渐变成大红色，母兔的性欲最旺盛，易于接受交配。

（三）配种方法及注意事项

对发情母兔的配种方法有 3 种，即自然交配、人工辅助交配和人工授精。3 种方法各有优点，应根据母兔的具体情况，采用不同的方法。正确的配种技术和配种方法是提高长毛兔繁殖性能的重要措施。

1. 配种前的准备工作

要想获得理想的繁殖效果，长毛兔配种前要做好以下准备工作。

（1）种公兔健康检查和精液品质检查　配种前对种公兔的健康应进行严格的检查，对于体质弱、性欲不强、患有疾病的一律淘汰。对确定参与配种的种公兔在配种前进行 1 次精液品质检查，对射精量少、精子密度低、活力低、畸形率高的种公兔再次进行淘汰。只有那些身体健康、性欲旺盛、精液品质良好的种公兔方能参与配种。

（2）编制配种计划和安排配种时间　配种前根据选种选配的要求，编制出配种计划，避免三代以内有亲缘关系的种兔近亲交配；避免青年公兔与青年母兔、青年公兔与老年母兔、老年公兔与老年母兔等不良交配组合；有计划地使用好良种公兔。

近期研究发现：兔在 21：00 ~ 23：00 时配种受胎率较高，而且在这一时间内配种，母兔大多在白天分娩，便于饲养人员进行护理，降低子兔死亡率。因此，第一次配种应安排在

16：00~18：00时，复配应安排在21：00~23：00时。

（3）检修笼舍，搞好笼舍卫生　配种前应检修好兔笼，特别是笼底板，防止配种时损伤种公兔。笼内的粪便、污物都要进行清理，搞好清洁卫生工作。配种时要将母兔放进公兔笼，以便公兔集中精力完成配种任务。因此，配种前公兔笼要经消毒后方可放入母兔，饲料槽、水盆都要尽量移出笼外。

（4）进行1次剪毛　公兔和母兔在配种以前最好进行1次剪毛，有利于顺利配种和提高受胎率。如果不到剪毛时间，可以不全身剪毛，只把公兔、母兔生殖器周围的毛剪去即可。

（5）调整种母兔体况　受胎率高低、胎产仔数多少与种母兔的体况有关。种母兔过肥，受胎率低，胎产仔数也少；种母兔过瘦，子宫黏膜薄，营养不足，胚泡难以附植，受胎率低，胎产仔数也少。所以，在配种前要注意调整种母兔的体况，对偏瘦的母兔要加强营养，除饲料中增加一些蛋白质饲料外，还要给母兔加喂一些优质牧草；对过肥的母兔要减少精饲料喂量，配种时能达到中等体况即可。

（6）做好配种记录　配种前应设计准备各种配种记录表，以便配种后及时做好配种、产仔等的记录工作。

2. 自然交配

即公兔和母兔自行交配，不需要特殊处理。这种方法比较简单、配种及时，可节省人力。缺点是种公兔利用率低。实行自然交配时，应把母兔放入公兔笼内，因为公兔对环境要求比较严格，如环境突然变化，可导致注意力分散，导致性欲降低。

自然交配时饲养员把母兔放入公兔笼内，发情好的母兔表现温驯，与公兔互相嗅闻。当公兔爬跨母兔时，母兔前肢趴伏、后肢直立，把臀部举起，尾巴侧向一边迎合公兔交配。当发现公兔发出“咕咕”的叫声，倒在笼底，起来后顿足显示很兴奋的样子时，表示交配顺利完成，饲养员应立即取出母兔，检查是否假配，如无假配应立即把母兔后肢提起，轻拍臀部数下，以防精液倒流。

母兔有择偶性，会拒绝某些公兔交配。如把母兔放入公兔笼内后，母兔拒绝公兔爬跨，甚至发生咬斗，应及时取出母兔另择公兔。

配种时切忌多人围观，造成周围喧闹，导致公兔的注意力分散，影响配种，甚至公兔、母兔不愿交配。

如果母兔发情表现明显，但更换 2～3 只公兔都不愿接受交配，可对母兔进行强制配种。饲养员一只手抓着母兔双耳和颈背部领皮，另一手插入母兔腹下托起臀部，迎合公兔爬跨交配。

自然交配公兔、母兔比例在理论上可以达到 1∶（8～10），在生产实践中以 1∶（5～6）为宜，否则会降低受胎率。

3. 人工授精

即是公兔、母兔不直接交配，而采用假阴道将公兔精液采出，经过检查、稀释处理，再用输精管输入发情母兔阴道内的先进配种方法。其优点有以下几个方面。

一是能充分利用优良的种公兔。在自然交配情况下，1 只种公兔可负担 5～8 只母兔的配种任务，最多不能超过 10 只母兔。而在人工授精的情况下，对公兔采 1 次精，就能配 6～8 只母兔，利用率可提高 10 倍。

二是减少公兔的饲养数量，降低养兔成本。

三是防止交配时兔相互接触，减少疾病传播。

四是由于预先检查精液品质，保证了精子的密度和活力，输精时又把精液输至阴道深部，可提高受胎率。

五是人工授精技术简单易学，设备可以自制，有利于推广。

（1）采精设备的制作　兔用采精假阴道包括外壳、内胎和集精杯 3 部分。外壳可用竹筒或硬橡胶管代替，长 8～10 厘米、直径 3～3.5 厘米；内胎可用避孕套代替，长 16～18 厘米；集精杯可用小试管或小药瓶代替。另外，再准备 1 个橡胶塞，橡胶塞的外径与假阴道外壳的内径相同，橡胶塞上打 2 个孔，第一个孔隙插入小试管，第二个孔能插入 1 根细玻璃管。把避孕套的乳头处剪一小口套在小试管口上并固定，然后插入橡皮塞上的第一个孔内；橡皮塞的第二个孔内插入一小段细玻璃管，细玻璃管露出橡皮塞 0.5 厘米，上面套一根细胶皮管，并用夹子夹紧。把橡皮塞塞入外壳，连接避孕套的一端顺入外壳内。由于避孕套比采精器外壳长，因此露出外壳的部分可翻转过来套在外壳上，然后用橡皮筋扎紧，使其不漏水和空气。这样集精用的小试管管口通入假阴道孔内，小玻璃管管口通入外壳和内胎的夹层中。先通过玻璃管和细胶皮管向夹层中注入温水，再从此处注入空气，使内胎膨胀起来，采精时能给公兔阴茎以一定的压力（图 3－1）。

（2）采精前的准备工作

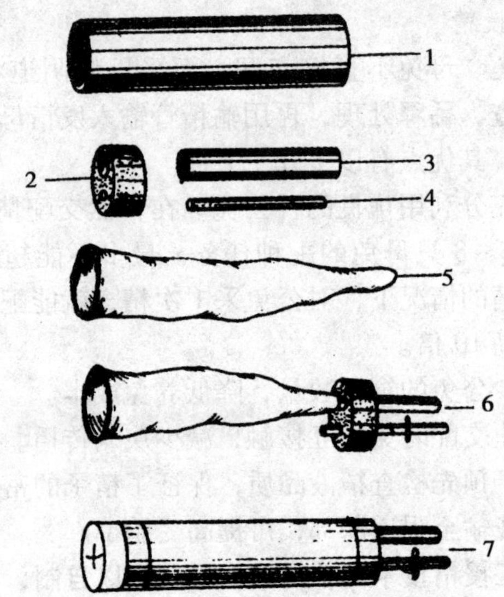


1. 外壳；2. 橡皮塞；3. 小试管；4. 细玻璃管；
5. 避孕套；6. 内胎装置；7. 组装采精器

**图 3－1　自制采精器**

外形采精前假阴道的各部位都要详细检查，防止有破损的地方。对集精杯和假阴道内壁进行洗涤、消毒，再从小孔内灌入50～55℃的温水，充气后使内胎里的温度达40～42℃。然后给内胎内壁涂上凡士林或液体石蜡，起润滑作用。最后调试温度、充气调压，调好内压的内胎口部应呈三角形或四角形。

（3）采精操作　把母兔放在操作台上，采精者左手抓住母兔耳朵和颈背部领皮，右手握假阴道伸向母兔腹下两后肢间；准备好后，另一人将公兔放在操作台上，待公兔爬跨母兔时，采精人员右手将假阴道从母兔两后肢间伸出，接住公兔阴茎，即可进行采精。当公兔射精结束后，采精人员应立即将假阴道竖起，以防精液倒流，然后将集精小试管取下，准备检查精液品质。

（4）精液品质检查　精液品质检查必须在18～25℃的无菌室里进行。首先用肉眼观察精液量、颜色、气味及浑浊度，然后再用显微镜等仪器检查pH值、精力密度、活力等。

（5）精液稀释　经过检查可以使用的精液要进行稀释。精液稀释的目的是扩大精液量和延长精子寿命，便于保存和运输。稀释液的种类比较多，可用生理盐水（0.9%的氯化钠溶液）稀释液、5%葡萄糖稀释液、11%蔗糖稀释液、10%奶粉稀释液或鲜牛奶稀释液。这些稀释液经过消毒、降温后，每100毫升稀释液加青霉素、链霉素各8万～10万单位，即可使用。使用时稀释液温度应在35℃左右，稀释倍数为1：(3～5)，保持每毫升稀释精液中有1 000万个活力旺盛的精子即可。

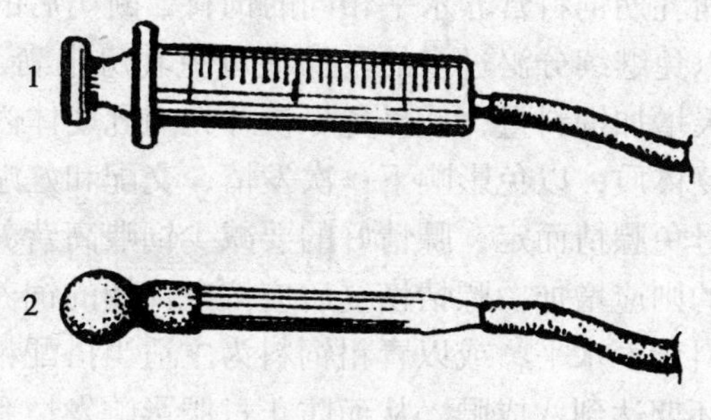


1. 注射器改制；2. 吸滴管改制

**图3－2　自制输精器**

（6）输精操作　兔的输精器通常自制，如图3－2所示。一种是用注射器插一根 8～10 厘米长的细胶管；另一种是用吸滴管尖部套一段 8～10 厘米长的细胶管。输精时用注射器或吸滴管吸取 0.5 毫升稀释后的精液，将胶皮管插入母兔阴道内 6～8 厘米，即可输入精液。

## 第三节 毛兔的饲养管理技术

### 一、种兔的饲养和管理

种兔既承担繁殖任务，又承担产毛任务，体质消耗较大，因此，对种兔的饲养管理应更加重视。

#### (一) 种母兔的饲养与管理

种母兔承担着繁殖和产毛的双重任务，而且繁殖的任务比种公兔重得多，特别是在妊娠、产仔和哺乳期，营养消耗很大，更应加强饲养管理，否则会严重影响母兔的繁殖力和产毛量。

1. 母兔的饲养要点

种母兔的繁殖过程分为空怀期、妊娠期和哺乳期，不同时期有不同的生理特点，并有不同的生理需要。

(1) 空怀期的饲养要点　母兔空怀期是指前一窝子兔断奶分出，到下次配种妊娠之间的这段时间，少则十天半个月，多则 2～3 个月。这段时间母兔的饲养原则是断奶前几天继续饲喂与哺乳期饲料营养水平相同的饲料，断奶后的 1～3 天投饲量要小，以免继续分泌过多的乳汁使母兔乳房胀满，引发乳房炎；4～10 天增加饲料量，使母兔尽快补充哺乳期体内营养物质的消耗，恢复体质，以免影响下一次发情、交配和妊娠。这段时间的长短以母兔膘情而定，膘情好的要减少饲喂高营养饲料的时间，膘情差的则应增加。膘情恢复后应按空怀期的饲养标准，或降低配合饲料营养水平，或以青粗饲料为主适当搭配精饲料，以使母兔在空怀期达到八成膘，从而防止过肥影响发情和妊娠。

对过肥的空怀母兔应减少精饲料喂量，并加强运动；对过瘦的母兔应增加精饲料喂量，使其迅速恢复膘情。对长期不发情的母兔，除改善饲料条件、保证蛋白质在饲料中的比例、保持中等体况外，还可采取在饲料中添加中药添加剂催情，以便及时配种繁殖。

（2）娠期的饲养要点　母兔妊娠期所需的营养物质，除供给自身新陈代谢的需要外，还要满足胎儿、乳腺发育的需要。妊娠期营养不足，胎儿发育不良，产出的弱仔多，死亡率高。但并不是妊娠期所有的时间都需要高营养，对妊娠期母兔的饲养应分为 3 个阶段。

第一阶段为受精卵向子宫角运行、精卵结合、细胞分裂、胚胎附植的阶段，大约需 12 天。这一时期胚胎的重量只有子兔初生重的 2%，母兔营养需要不是很大，可按正常的饲料量喂给。如果这一时期营养过剩，特别是蛋白质过剩会影响受胎率。第二阶段为胎前期，即从胚胎发育成胎儿的阶段，约需 6 天，即从第 13 ~ 18 天。这时胎儿在母体中生长速度加快，但是这时胎儿细胞数量不大，胎儿重量增加也不大。所以，从第 15 天开始给母兔增加精饲料量，逐渐增加，到第 23 天精饲料量增加 1 ~ 1. 5 倍。第三阶段是胎儿快速生长阶段，即从第 19 天开始到第 31 天，胎儿体重增加量为初生重的 90%，因此从第 23 天开始就让母兔自由采食，不限制饲料量，这样方能满足胎儿快速生长的需要。

（3）哺乳期的饲养要点　母兔分娩后即进入哺乳期，过去一般在产后 40 ~ 45 天断奶，现在生产中认为子兔 35 日龄断奶比较合适，母兔从分娩到断奶这一段时间称为哺乳期。哺乳期母兔除维持自身的生命活动外，还要分泌大量的乳汁，每天都要消耗大量的营养物质，如果这一时期饲养得不好，不仅影响子兔的健康，成活率降低，而且也影响母兔哺乳后体质的恢复。所以，在此阶段应供给母兔营养丰富和容易消化的饲料，保证其蛋白质、维生素和无机盐的摄入量。

2. 种母兔的管理要点

(1) 空怀期的管理要点　空怀期母兔要特别注意控制膘情，使其达到中等体况。

(2) 妊娠期的管理要点　主要是做好护理工作，防止流产。引起母兔流产的原因有3个：一是机械性刺激，包括捕捉方法不当、惊吓、不正确地摸胎、挤压等。二是营养不足，包括饲料营养水平低、饲料营养不全面，突然改变饲料成分，或饲料霉变、冰冻等。三是多因患兔瘟、兔巴氏杆菌病、魏氏梭菌病等传染病或肠炎腹泻等肠道疾病而引发流产。因此，妊娠母兔必须1兔1笼，防止挤压和冲撞；不要无故捕捉，摸胎检查时动作要轻；饲料要清洁、新鲜，营养要充足、全面，不喂冰冻、变质饲料；兔舍要注意通风干燥、清洁卫生，并保持兔舍安静；如果发现有流产征兆应及时注射黄体酮保胎。

临产前2~3天要准备好产仔箱，清洗消毒后铺垫一层干燥、柔软的垫草，临产前1~2天把产仔箱放入妊娠母兔笼内，供其拉毛絮窝。产房要有饲养员看守，冬季注意保温，夏季注意防暑；产仔时要给母兔准备好温的红糖水。

(3) 哺乳期的管理要点　母兔产仔后喂完第一次奶后就把产仔箱从母兔笼中取出，实行母子分开饲养。这种哺乳方法可了解母兔的泌乳情况，防止子兔吊奶；掌握母兔发情情况及时配种；避免母子争食，增强母兔体质；避免子兔吞食母兔粪便，减少球虫病发病率等。从初生到20日龄，每天喂2次奶，20日龄后每天可只喂1次奶，每次喂奶10~15分钟。

哺乳期另一个需要重视的主要环节是防止母兔发生乳房炎，应及早做好预防工作。

(二) 种公兔的饲养与管理

种公兔对后代的影响要比母兔大得多，其优劣对兔群质量影响很大，因此养好种公兔意义重大。

1. 种公兔的饲养要点

（1）非配种期的饲养要点　种公兔过肥或过瘦都会影响配种，甚至失去种用价值。非配种期是种公兔恢复体况的时期，这一时期种公兔不参与配种，没有负担，因此饲料应保持中等营养水平，使其体况保持不肥不瘦的状态。饲养标准为：饲料消化能 9.5～10.5 兆焦/千克，粗蛋白质含量 12%～14%，粗脂肪 2%～3%，粗纤维 14%～16%，供给足够的维生素和微量元素。每天每只喂给配合饲料 80～120 克，搭配青绿饲料 800～1 000克。冬季补充一些多汁饲料。

（2）配种期的饲养要点　配种期即集中配种的阶段，这时种公兔生理负担最重，在饲养上饲料营养水平要高，营养要全面，特别是蛋白质、维生素、微量元素要充足。蛋白质含量提高到 16%～18%，对提高精液品质有重要意义。蛋白质含量不足、缺乏维生素或微量元素，都会导致精液品质下降。配种期到来之前 15 天左右要调整日粮，配种旺期饲料中要添加 2% 的鱼粉，增加饲料中优质蛋白质的含量。

2. 种公兔的管理要点

种公兔笼要求宽大、底平、牢固，便于种公兔活动；兔舍要求宽敞、通风、透光、清洁卫生，使舍内空气清新而舒适。

环境温度对种公兔精液品质影响很大，试验证明，当舍温超过 25℃时，精子的活力下降。当舍温高达 30℃时，就会引起精子减少、密度降低，畸形精子率升高，出现“夏季不育”。

为使种公兔安全过夏，可在 6 月末 7 月初剪毛 1 次，以利于体内热量散发；也可以在夏季把种公兔饲养在地下式兔舍中；有条件的场（户）还可在兔舍内安装空调。

如果种公兔承担的配种任务较重，使用频繁，可导致性功能减退，精液品质下降；但如果承担的配种任务少，长期闲置不用，公兔的性欲长期得不到满足，也能使其性功能减退。所以，要合理使用种公兔，才能发挥其配种潜能。1 只种公兔每天可配种2次，使用2~3天后，让其休息2天；每天配种1次，可连用5天让其休息2天。这样能保持种公兔性欲旺盛，充分发挥其种用性能。

换毛期的种公兔不能进行配种，因为换毛期营养消耗大，体质较弱，如果频繁使用不仅影响种公兔健康，而且精液品质差，受配母兔受胎率低。

**二、毛兔饲养管理的一般技术要点**

长毛兔饲养管理工作的核心是提高产毛量和毛的品质，除选养优良品种，按营养需要配制日粮，满足营养供给外，还应在以下方面给予高度重视。

1. 合理饲喂

长毛兔的营养需要量随采毛和毛的生长周期、外界环境温度以及生理状态的不同而变化。采毛后兔体裸露，体表散热快，兔毛的生长速度快，对营养的需要量增多，采食量大。随着兔毛的生长，兔毛生长速度降低，采食量减少。因此，在饲喂长毛兔时，要根据采毛后的不同阶段和采食量的变化规律，细致地调节饲料的喂量。

在国外，一般喂法是采毛后第1个月，每只成年兔每天饲喂配合饲料190~210克；第2个月喂170~180克；第3个月喂140~150克。德国还采用自由采食基础日粮（青绿饲料、粗饲料），每天定量补喂含粗蛋白质15%~18%的颗粒饲料100克。法国采用17%的粗蛋白质日粮，在采毛后由饲喂量170克逐渐降至150克。法国和德国还有让兔每周停食1天的喂法，使兔的胃肠排空，既可刺激食欲，又可防止毛球病的发生。根据采毛周期进行科学的饲养，有利于兔体健康和促进兔毛的生长。

长毛兔生长期，应优先照顾其体重增长。实践证明，生长毛兔在每次采毛后都会食欲增加，体质增强，这对其终生多产毛，产优质毛是十分有利的。因此，生长毛兔除应供给充足的营养外，及时采毛也非常重要，这样做虽然在生长期采的毛品级降低，但符合长远利益。

2. 催毛生长

毛纤维的生长速度，除了日粮消化能、粗蛋白质、维生素等营养成分有重要影响外，以下措施也有作用。

（1）添加稀土元素0.03%～0.05%，可使产毛量提高8%～10%，优质毛的比例也得以提高。稀土中的某些元素有激活体内某些酶的作用，故能促进产毛。

（2）添喂松针叶。松针叶中含有丰富的蛋白质、维生素和微量元素。据试验，用15%～20%的新鲜松针叶代替青绿饲料，可提高产毛量10%～12%，且有减少肠道疾病的作用。

（3）添加土茯苓等。据试验，每兔每天喂中药土茯苓1克，蚕沙1克，硫磺0.5克，可使养毛期缩短3～5天，产毛量提高5%～6%，具有明显的催毛生长效果。

（4）涂擦白酒。长毛兔剪毛后，用50°白酒，加适量姜汁，用药棉蘸之涂擦兔体，每天1次，连用3天，可缩短养毛期3～5天，产毛量提高5%～7%。

3. 加强管理

（1）保持适宜温度，防止高温影响。高温环境对毛兔的生理生产影响较大，应保持在15～20℃。开放式兔舍受外界气温影响大，在夏季高温季节，除采取必要的降温措施外，应在酷暑季节到来前采一次毛，在夏季的剪毛间隔也可缩短到60～70天。

（2）保持兔舍、兔笼的清洁干燥。兔笼内不能积存粪尿，防止污染兔毛，降低兔毛品质。毛兔的抗病力较之肉、皮兔更弱，应加强定期消毒，保持兔舍良好的卫生条件。

（3）长毛兔应单笼饲养，防止群养拥挤造成被毛毡结，降低兔毛品质。应定期梳理被毛。10天左右梳理一次。

（4）注意供给充足的饮水。

## 三、子兔的饲养管理

1. 创造安静环境

子兔初生到 11～12 天称睡眠期。需要安静的兔舍，不要随意惊动，注意防鼠害。

2. 搞好防寒保暖

北方冬春温度低，可人工增温，可在普通照明灯光下取暖，或产箱内放热水袋，也可把产箱放在火炕上。采用母子分离法，产箱上盖棉垫保温。

3. 早喂奶，吃足奶

特别是让子兔吃好初乳，初产母兔不喂奶，可人工强制喂乳。采用母子分离法饲养。

4. 尽早补饲

毛兔一般从 18 日龄开始补祠，初喂易消化的嫩青草、玉米面等，要少喂多餐；20 日龄后补少量精料。防止腹泻及黄尿病的发生。

## 四、幼兔的饲养与管理

幼兔是指从断奶到 3 月龄的兔。这一阶段的兔最难饲养，特别是断奶后 15 天以内，是一个死亡高峰期。原因有以下几点：一是刚断奶的幼兔生长快、贪吃，但胃肠容积小、胃肠壁薄、消化能力弱，而且此阶段是由断奶前的吃奶和吃部分植物性饲料，转变为全部吃植物性饲料，胃肠还不太适应，容易出现消化不良和消化道疾病。二是有些饲养场（户）在子兔断奶时马上把子兔转入新笼，环境发生变化，再加上饲料改变及防疫注射等多种因素，使幼兔产生应激反应，抵抗力下降。三是断奶后进入第一个换毛期，体质弱，体能消耗大，抗病能力差。四是此阶段是一生中生长发育最快的时期，在良好的饲养管理条件下，日增重可达 35～45 克，此时若不重视饲料营养，不能给幼兔提供全价饲料，则很容易导致死亡。五是幼兔神经系统发育不健全，神经调节不完善，特别胆小怕惊，对环境适应能力差，受到惊吓容易炸群，全舍幼兔乱跳乱撞，轻者影响食欲，重者撞伤导致死亡。因此，幼兔期的饲养管理，不仅影响幼兔的生长发育及成活率，而且影响良种培育和生产兔群的质量，应给予高度重视。

（一）幼兔的饲养要点

1. 要提供优质饲料

断奶后的幼兔消化能力弱，但生长快，需要大量的营养物质，所以给幼兔的饲料必须是适口性强、易消化、营养丰富的。参考饲料配方如下。

（1）配方Ⅰ 玉米20%，麦麸26%，豆饼10%，花生仁粕7%，鱼粉3%，草粉30%，活性酵母3%，食盐0.5%，蛋氨酸0.2%，赖氨酸0.3%。配好后每千克饲料中加大蒜素（折合纯粉）0.15克，陈皮粉10克，复合酶1.7克，复合维生素0.5克，复合微量元素0.5克。

（2）配方Ⅱ 大麦15%，玉米18%，四号粉10%，豆饼15%，菜籽饼5%，蚕沙8%，青干草粉12%，豆秸粉15%，骨粉1%，蛋氨酸0.2%，食盐0.3%，复合维生素0.3%，复合微量元素0.2%。配好后每千克饲料中另加大蒜素（折合纯粉）0.15克，氯苯胍0.03克，复合酶1.7克。

（3）配方Ⅲ 玉米25%，麦麸20%，四号粉10%，豆饼12%，花生仁粕4%，菜籽粕4%，松针粉5%，豆秸粉10%，花生秧粉8%，骨粉1.5%，蛋氨酸0.2%，食盐0.3%。配好后每千克饲料中另加大蒜素（折合纯粉）0.15克，酵母2克，陈皮粉10克，辣椒粉5克。

（4）配方Ⅳ 小麦15%，玉米15%，麦麸20%，豆饼10%，花生仁粕5%，菜籽粕5%，松针粉5%，米糠10%，花生秧粉13%，骨粉1.5%，蛋氨酸0.2%，食盐0.3%。配好后每千克饲料中另加大蒜素（折合纯粉）0.15克，陈皮10克，辣椒粉5克，酵母粉2克。

给幼兔饲喂按以上配方加工的颗粒饲料的同时，每天还应再投少量的青草或多汁饲料。

2. 助消化，防腹泻

刚断奶7～10天的幼兔消化能力弱，对植物性饲料不太适应，加上贪吃，容易出现消化不良，严重者出现胃肠疾病，导致严重腹泻而死亡。因此，在饲养上除了供给优质的、易消化的饲料外，还要添加帮助消化的药物和预防肠道炎症的药物。如在饲料中加入酵母片每天每只0.5克，大黄苏打片每天每只0.5克，乳酶生每千克体重每天1片，可以帮助消化；也可取陈皮粉1份，干生姜1份，山楂1.5份，麦芽1.5份晒干后磨成粉状，每天每只幼兔饲料中添加5～7克，可预防胃肠炎；加入助消化药物的同时，每千克饲料中加入土霉素粉0.2克或氟哌酸0.3克，也可起到预防胃肠炎的作用；每千克饲料中加入大蒜素（折合纯粉）0.15克，生姜粉10克，陈皮粉10克，可以帮助消化、预防肠炎，并有促进生长的作用；取山楂20克，麦芽20克，鸡内金10克，陈皮10克，苍术10克，石膏10克，板蓝根10克，干大蒜片10克，干姜片10克，混合晒干粉碎，在幼兔的饲料中添加1%，可以促进生长，降低发病率。

另外，还可自制中药添加剂，取党参、黄芪、白术、陈皮、苍术、山楂各1.5份，车前草、大青叶、白头翁、甘草各1份，混合晒干粉碎。每千克配合饲料中加40克饲喂幼兔，可以助消化、防止胃肠炎发生。试验证明，使用该添加剂，可降低发病率60%，生长率提高50%以上。

取野菊花、艾叶、黄连、苦参、金银花、山楂、陈皮各1.5份，神曲、白头翁、大青叶各1份，混合晒干粉碎后，于混合料中按1.5%添加，连用7天，停药15天后再用药7天，如此连续使用3个月，不仅可以降低幼兔发病率，还能促进幼兔生长。

再者，在寒冷的冬季，于幼兔饲料中添加3%的油脂，可增加幼兔的抗寒性，降低发病率，促进生长，提高幼兔成活率。

3. 饲喂时要定时定量

幼兔新陈代谢旺盛、贪吃，但消化能力比较弱，所以饲喂时应做到定时定量，每天饲喂4～5次，其中混合精饲料2次，青绿饲料或多汁饲料2～3次。饲喂时间要固定，而且每次投饲量要一致，不能忽多忽少。这样才能使幼兔消化有规律、消化力强，不会出现消化不良。

（二）幼兔的管理要点

1. 逐渐分群

刚断奶的幼兔不宜马上分群，否则会使幼兔产生应激反应，食欲减退，从而影响生长。最好先把母兔移出，让全窝子兔仍在原笼内生活。在幼兔2月龄以后、接近性成熟之前，应把幼兔按公兔、母兔分开饲养，避免公兔、母兔早配。3月龄前后再每只分开单笼饲养。

2. 保持良好的生活环境

幼兔期生命力还比较弱，需要给它们创造良好的生活环境。一是幼兔舍内温度要适宜，必须保持在20℃以上，并且温度要相对稳定，不能忽高忽低，昼夜温差不能超过3℃。二是要保持兔舍内干燥、清洁卫生，相对湿度应在55%～65%。三是幼兔舍要通风换气，保持空气新鲜。否则舍内不通风，长期积尿，分解出的氨气刺激幼兔呼吸道和肺部，会出现烂肺现象，死亡率很高。四是要保持兔舍安静，饲养员进入幼兔舍要穿工作服，其他人员不得随便进入，因为幼兔对特异的颜色、气味、声音都非常敏感。饲养员打扫卫生、添草、添料时都要轻手轻脚，不要造成大的声响，以免幼兔受惊。

3. 保证供给清洁的饮水

水是幼兔体内新陈代谢不可缺少的物质，幼兔代谢旺盛、生长发育快，需水量也很大。所以，要给幼兔提供充足的饮水。一般情况下，冬季每天给幼兔饮1次温水；春季、秋季气温适宜的季节里，每天至少要给幼兔饮2次水；夏季高温情况下，要供给新鲜清洁的饮水，使其自由饮用。

4. 要做到“二看、三勤、六不喂”

为保证幼兔的健康，管理上要做好以下工作。

（1）二看　看粪便、看天气变化。粪便硬或气候干燥时，要少喂粗干饲料，多喂青绿饲料和多汁饲料，饲喂粉料时要调湿一些。粪便稀软或阴雨季节时，要多投粗干饲料，少给青绿饲料和多汁饲料，饲喂粉料时要调干一些。

（2）三勤　要勤打扫兔舍、笼舍和周围环境卫生；勤投喂青草；每天勤检查幼兔的健康状况，做到四观察：即观察粪便形状、干湿度，观察幼兔神态是活泼还是呆滞，观察幼兔进食情况是否正常，观察眼、鼻、嘴、爪有无炎症。

（3）六不喂　露水草不喂；腐烂变质的饲料、饲草不喂；水分大的饲料不喂；带泥浆的饲草不喂；有异味的饲料、饲草不喂；隔夜饲料不喂。

5. 做好疫病防治工作

坚持消毒、防疫注射和投药相结合的方针，对断奶后的幼兔40日龄时注射1次兔瘟、兔巴氏杆菌、兔魏氏梭菌三联疫苗，每只注射2毫升。60日龄时再以同样剂量强化注射1次，以后每半年按时注射1次；18日龄注射大肠杆菌疫苗，以后每半年按时注射1次。兔在18日龄补饲时，每千克饲料加入氯苯胍0.3克，连用45天，停药15天后，再添加其他抗球虫药饲喂15天，可以预防球虫病。另外，春季、秋季节要预防口腔炎、感冒等。

6. 防除敌害

幼兔自卫能力差，老鼠、黄鼠狼、蛇等都容易咬死幼兔，所以应特别注意防范这些敌害，尤其是山区里的兔场更应注意这方面的工作。防除敌害的措施可因地制宜，比如，在幼兔舍安装纱门、纱窗，这样夏季打开门窗通风时，敌害也不容易进入。

7. 剪好头刀毛

幼兔2月龄时就要进行第一次剪毛，这次是把乳毛全部剪掉。剪毛可以刺激毛的生长，健康的幼兔剪毛后新陈代谢旺盛，采食量增加，生长发育加速，新生的毛品质也很好。体质弱的幼兔第一次剪毛的时间可适当推迟，如断奶后很快剪毛往往会带来不良后果，甚至引起死亡。幼兔第一次采毛以剪毛为佳，不能采取拔毛的方法，因幼兔皮肤嫩，拔毛不仅易损伤皮肤，而且还会影响成年兔兔毛的密度和生长速度。对剪完头刀毛的幼兔要加强护理，精心喂养，冬季和早春季节剪毛后要把幼兔放在温暖的室内饲养，否则会引起感冒。

**五、青年兔的饲养与管理**

1. 青粗饲料养兔，适当给精料，补加微量元素。每天每兔给青粗料500~600克，混合精料50~70克，5月龄以后的青年兔应适当控制精料喂量以防过肥，影响种用。饲料中应添加适量的钴、锌、铜等微量元素。

2. 单笼饲养，严防早配；注意预防毛球病。

3. 3月龄后，要公母分开，一兔一笼，严防早配、滥配，防止互相啃咬，发生毛球病。

4. 选种鉴定，加强培育对4月龄以上的公母兔要进行1次综合鉴定。符合种公兔要求的后备兔编入种兔群，次等的编入产毛群，劣等的一律淘汰。

5. 及时去势，4月龄左右的公兔如不留种用，应及时去势，既便于管理，又可提高产毛量。一般可提高产毛量10%~15%。

# 第四章 獭兔的高效养殖技术

## 第一节 兔舍的要求

### 一、兔舍的一般要求

獭兔是群居性差且不可放养的兔类，所以建造一个良好的兔舍是獭兔高效养殖的前提条件。建造兔舍所用的材料要因地制宜，就地取材，既要考虑实用性、耐久性，又能有效防止獭兔啃咬和打洞。在结构设计上要求符合獭兔的生活习性，有利于獭兔的生长发育，并能有效提高成活率及产品质量，便于管理和防治疾病，力求环境干燥清爽，空气新鲜、通风透光，且能防寒、防暑、防潮和防兽害等。

兔舍的墙壁表面应光滑、没有裂缝、耐碱、耐火，便于消毒，能防潮保暖，有一定坡度，最好高出兔舍外部地面 20～25 厘米。兔舍内部必须有良好的排水系统，便于清洗消毒，地下排水管的开口最好在粪便池的下部，防止臭气回流入兔舍内部。

在北方地区一般大多采取先建兔舍，然后在兔舍内安装兔笼；而南方地区，尤其是江浙一带，可以采用笼舍合一的方式，即兔舍上建“人”字形屋顶，设采光、通风窗，其下为三层兔笼，既是饲养笼，又是支撑结构，相当于围护结构的前后墙，中间为通道，兔笼直接与外界相通，兔笼下挖有排粪沟，方便定期清理。这种建舍方式适合在气温较高，对通风要求高的地区，也正因为通风好，笼与笼之间以水泥构件隔开，互不相扰，这样既保证了獭兔生活的小环境，也为生产高质量的獭兔皮奠定了基础。獭兔的适宜温度为 5～25℃，产箱的温度应达到 10℃以上，相对湿度保持在60%～70%，高温高湿都会影响其生长发育。因此，雷雨季节还要特别注意保持兔舍清洁、干燥、通风。獭兔舍内气流速度应低于0.2米/秒，氨气和硫化氢在每升空气中的含量不超过0.01～0.015毫克。獭兔舍应该保证獭兔的饲养密度不能过高，种兔应保持在0.6～1只/平方米，商品兔应保持在0.3～0.4只/平方米；兔舍内最好采用自然光照，若采用人工光照，按每平方米安装25瓦白炽灯计，每天光照8～10小时。舍以坐南朝北为宜，兔舍间距不少于兔舍高度的1.5～2倍，兔舍的跨度：单列式约3米，双列式约4米，三列式约5米，四列式6～7米，其中獭兔的兔舍以单列式为最好；舍的长度不应超过50米，这样有利用兔舍内的环境控制。

## 二、兔舍内的设备配置

兔笼是獭兔生产中不可缺少的重要设备，设计合理与否，直接影响着獭兔的健康、兔皮品质和生产效益。

兔笼设计一般应符合獭兔的生物学特性，造价低廉，经久耐用，便于操作管理。兔笼规格、兔笼大小，应根据獭兔的品系类型和性别、年龄等而定。一般以种兔体长为尺度，笼长为体长的1.5～2.0倍，笼宽为体长的1.3～1.5倍，笼高为体长的0.8～1.2倍。大小应以保证獭兔能在笼内自由活动，便于操作管理为原则。

### （一）兔笼结构

#### 1. 笼门

应安装于笼前，要求启闭方便，能防兽害、防啃咬。可用竹片、打眼铁皮、镀锌冷拔钢丝等制成。一般以右侧安转轴，向右侧开门为宜。为提高工效，草架、食槽、饮水器等均可挂在笼门上，以增加笼内实用面积，减少开门次数。

#### 2. 笼壁

一般用水泥板或砖、石等砌成，也可用竹片或金属网钉成，要求笼壁保持平滑，坚固防啃，以免损伤兔体和钩脱兔毛。如用砖砌或水泥预制件，需预留承粪板和笼底板的搁肩（3 ~5 厘米）；如用竹木栅条或金属网条，则以条宽1.5 ~3.0 厘米，间距1.5 ~2.0 厘米为宜。

3. 承粪板

宜用水泥预制件，厚度为2.0 ~2.5 厘米，要求防漏防腐，便于清理消毒。在多层兔笼中，上层承粪板即为下层的笼顶。为避免上层兔笼的粪尿、冲刷污水溅污下层兔笼，承粪板应向笼体前伸3 ~5 厘米，后延5 ~10 厘米，前后倾斜角度为10° ~15°以便粪尿经板面自动落入粪沟，并利于清扫。

4. 笼底板

对獭兔来说，笼底板的质量尤其重要，选择竹质底板既便宜、实用，又便于制作。竹片要求条宽2.5 ~3.0 厘米，厚0.8 ~1.0 厘米，间距1.0 ~1.2 厘米。竹片钉制方向应与笼门垂直，以防兔脚打滑，形成向两侧的划水姿势。

5. 笼层高度

目前国内常用的多层兔笼，一般由3 层组装排列而成。为便于操作管理和维修，兔笼以3 层为宜，总高度应控制在2 米以下。最底层兔笼的离地高度应在25 厘米以上，以利通风、防潮，使底层兔亦有较好的生活环境。

6. 构件材料

各地因生态条件、经济水平、养兔习惯及生产规模的不同，建造兔笼的构件材料亦各不相同。

7. 水泥预制件兔笼

我国南方各地多采用水泥预制件兔笼，这类兔笼的侧壁、后墙和承粪板都采用水泥预制件组装成，配以竹片笼底板和金属或木制笼门。主要优点是耐腐蚀，耐啃咬，适于多种消毒方法，坚固耐用，造价低廉。缺点是通风隔热性能较差，移动困难。

①砖、石制兔笼：采用砖、石、水泥或石灰砌成，是我国南方各地室外养兔普遍采用的一种，起到了笼、舍结合的作用，一

般建造2~3层。主要优点是取材方便，造价低廉，耐腐蚀，耐啃咬，防兽害，保温、隔热性较好。缺点是通风性能差，不易彻底消毒。

②竹（木）制兔笼：在山区竹木用材较为方便，兔子饲养量较少的情况下，可采用竹木制兔笼。其主要优点是可就地取材，价格低廉，使用方便，移动性强，且有利于通风、防潮、维修，隔热性能较好。缺点是容易腐烂，不耐啃咬，难以彻底消毒，不宜长久使用。

③金属网兔笼：一般采用镀锌冷拔钢丝焊接而成，适用于工厂化养兔和种兔生产。主要优点是通风透光，耐啃咬，易消毒，使用方便。缺点是容易锈蚀，造价较高，如无镀锌层其锈蚀更为严重，且污染兔毛，又易引起脚皮炎，只适宜于室内养兔或比较温暖地区使用。

④全塑型兔笼：采用工程塑料零件组装而成，也可一次压模成型。主要优点是结构合理，拆装方便，便于清洗和消毒，耐腐蚀性能较好，脚皮炎发生率较低。缺点是造价较高；不耐啃咬，塑料容易老化，且只能采用芦荟液消毒，因而使用还不很普遍。

（二）饲槽

饲槽是用于盛放混合料，供兔采食的必备工具。对饲槽的要求是：坚固耐啃咬，易清洗消毒，方便装料，方便采食，防止扒料和减少污染等。饲槽应根据饲喂方式、獭兔的类型及生理阶段而定。饲槽的制作材料有：金属、塑料、竹、木、陶瓷、水泥等，按喂养方式可分为普通饲槽和自动饲槽等。

（三）草架

草架是投喂粗饲料、青草或多汁料的饲具。使用草架可保持饲草的新鲜、清洁，能减少踩踏和粪尿污染所造成的浪费，并能预防疾病。我国以农民养兔为主体，以草食为主，因此草架是必备的工具；国外大型工厂化养兔场，尽管饲喂全价颗粒饲料，仍然设有草架，投放粗饲料（如稻草），供兔自由采食，以防发生消化道疾病。草架多设在笼门上，以铁丝、木条、废铁皮条制成，呈“V”字形，分为固定式和翻转式，兔通过采食间隙采食。

（四）饮水器

小规模兔场多用瓶、盆或盒等容器作为饮水器，取材方便，投资小，但这种容器容易被粪尿和饲料污染，必须经常清刷水盆，增加了劳动强度。此外，獭兔爱啃咬，经常弄翻容器，不仅影响饮水，还会造成兔舍潮湿，因此，除了小型和家庭兔场外，多数采用不同形式的自动饮水器。

1. 瓶式饮水器

瓶式饮水器是将瓶倒扣在特制的饮水槽上，瓶口离槽底1～1.5厘米，槽中的水被兔饮用后，空气随即进入瓶中，水流入槽中，保持原有水位（即瓶口与槽底之间的高度），直至将瓶中的水喝完，再重新灌入新水。饮水器固定在笼门一定高度的铁丝网上，饮水槽伸入笼内，便于兔子饮水，而又不容易被污染，水瓶在笼门外，便于更换。瓶式饮水器投资小，使用方便，水污染少，防止滴水漏水，但需每日换水，适用于小规模兔场。

2. 乳头式饮水器

乳头式自动饮水器是由外壳（饮水器体）、阀杆弹簧和橡胶密封圈等组成，平时阀杆在弹簧的弹力下与密封圈紧紧接触，使水不能流出。当兔触动阀杆时，阀杆会缩并推动弹簧，使阀杆和橡胶密封圈间产生间隙，水通过间隙流出，兔可饮用到水。当兔停止触动阀杆时，阀杆在弹簧的弹力作用下恢复原状，停止流水。

3. 弯管瓶式饮水器

该饮水器是由一个带有金属弯管的塑料瓶，将塑料瓶倒挂于笼门上，弯管伸入笼内，当兔饮水时触及弯管头部，破坏了水滴的表面张力，水便从弯管中流出。弯管固定在瓶盖上，当水饮完后，吊瓶盖灌入新水即可。

(五) 产箱

产箱又称育仔箱，是母兔分娩和哺乳子兔的场所。子兔在产箱内至少要生活 1 个月，因此在设计上，产箱要求能保温，母兔进出哺乳方便，子兔不易爬出箱外。产仔箱没有统一的规格，其制作可用木板，也可用部分胶合板来代替，底面用竹片拼成，竹片应青面朝上黄面朝下，表面及边缘要刨光滑，间隙 0.2 ~0.4 厘米较合适。

目前常用的有两种样式：一种是敞开的平口产箱，多用 1 厘米厚的木板钉制而成，箱底有粗糙锯纹，并凿有间隙或小洞，使子兔不易滑倒，便于排尿；另一种为月牙形缺口产箱，便于母兔出入，整个产箱的里外均应光滑，不得有木刺、铁钉等尖锐物外露，尤其是缺口处，应用粗砂纸磨光，否则母兔进出时容易刺伤或刮掉腹毛。这种产仔箱可以竖起也可以横倒使用，分娩时将产箱横倒，地方较广，分娩后将产箱竖起，使子兔不易爬出。子兔开食后，再将产箱横倒，子兔可以自由出入，这种形式的产箱，对接产和采用自然哺乳的方法哺乳均很方便。

## 第二节　獭兔的繁育

### 一、繁殖季节

獭兔繁殖虽无明显的季节性，一年四季均可配种繁殖，但不同季节的温度、日照及营养状况等的差异，对母兔的发情、受胎、产仔数和子兔成活率等均有一定影响。

(一) 春季

春季气候温和，饲料丰富，母兔发情旺盛，配种受胎率高、产仔数多，是獭兔配种繁殖的最好季节。据实际观察，春季母兔发情比较集中，发情周期也较短，性功能表现最旺盛，母兔的发情率可达 85% ~90%，受胎率高达 80% ~90%，平均每胎产仔数 7 ~8 只，最高达 14 只。所以，一般獭兔养殖场应全力抓好春季配种繁殖。南方各省春季多雨水，湿度较大，兔病较多，死亡率高，尤其是子兔，故一定要做好防湿、防病等工作。

（二）夏季

夏季气候炎热，尤其是南方各省，温度高、湿度大，獭兔食欲减退，体质瘦弱，性功能不强，配种受胎率低，产仔数少。北方则比南方好些。据实际观察，当外界温度高于35℃时，公兔性欲减退，射精量减少，精子活力下降，浓度降低。母兔的发情率仅为20%～40%，受胎率为40%～50%，平均每胎产仔3～5只，最少为1只。即使产仔，由于天热，哺乳母兔减食，泌乳量少，子兔瘦弱多病，成活率很低。但如母兔体质健壮，又有遮阳防暑条件，温度低于28℃的地区，仍可适当安排配种繁殖。

（三）秋季

秋季气候温和，饲料丰富且营养价值较高，公兔、母兔体质开始恢复，性欲逐渐转强，尤其是晚秋季节，母兔发情旺盛，配种受胎率高，产仔数多，是配种繁殖的又一个好时期。9～11月份公兔性欲较强，精子活力增加，密度增大；母兔发情率为60%～70%，配种受胎率为70%～80%，平均每胎产仔6～7只。但初秋季节公兔、母兔的体质刚刚开始恢复，晚秋又为换毛季节，营养消耗很大，对配种繁殖的影响较大，必须加强管理，调整日粮。同时，公兔因夏季休闲后可能出现暂时性不育，首次配种必须进行复配；人工授精时，首次采集的精液最好弃之不用。

（四）冬季

冬季气温较低，大部分地区青绿饲料缺乏，营养水平下降，种兔体质瘦弱，母兔发情不正常。冬季公兔性欲不强，精子活力和密度尚正常，母兔发情率为60%～70%，配种受胎率为50%～60%，平均每胎产仔5～6只。尤其是严冬季节，配种受胎率较低，所产子兔如无保温设施极易冻死，成活率很低。但是，冬季如有较多的青绿饲料供应，又有良好的保温设施，仍可获得较好的繁殖效果。冬季种兔如长期不配，则可能引起生殖功能障碍和性功能下降，影响春季的繁殖。冬季配种繁殖的子兔，体质较为健壮，被毛绒密，抗病力较强。

据余姚科农獭兔繁育场、桐乡市银海獭兔繁育场等种兔场近年来的观察，一年中以 3～6 月份公兔、母兔的性活动最旺盛，配种受胎率最高，10 月份至翌年 2 月份次之，7～9 月份受胎率最低。尤其当外界温度高于 35℃时，不但受胎率很低，而且妊娠后期母兔死亡率较高，一般青年母兔高于老年母兔，初产母兔高于经产母兔。所以，一般南方的家庭兔场，每年 7 月 1 日至 8 月 10 日应停止配种繁殖 40 天。另据观察，在一天内，一般公兔、母兔以日出前后 1 小时，日落前 2 小时和日落后 1 小时的性活动最强烈。所以，在实际生产中常在清晨和傍晚配种，其受胎率较高。

## 二、繁育方法

獭兔的繁育方法，根据育种目的的不同，大致可分为纯种繁育、品系繁育和杂交繁育 3 种。

### （一）纯种繁育

纯种繁育简称为纯繁，就是指同一品种或品系内的公兔、母兔进行配种繁殖与选育，目的在于保留和提高与亲本相似的优良性状，淘汰、减少不良性状的基因频率。

近年来，我国已从国外引进了不少具有不同色型的獭兔良种，为了保持、提高这些外来良种的优良性能和扩大兔群数量，必须采用纯种繁育。通过纯繁，增强其适应性，保持其纯度，大力增加数量，不断提高质量，使其能在生产和育种工作中发挥更大的作用。在引入品种的选育中，应采取以下措施。

#### 1. 集中饲养

凡从国外或国内其他地区引进的种兔，首先应集中饲养，以利风土驯化，开展选育工作。同时要严格执行选种选配制度，控制近交系数的过快增长。

2. 慎重过渡

对引入品种的饲养管理，应采取慎重过渡的办法，使之逐步适应新环境。同时还应逐渐加强适应性锻炼，提高其耐粗饲、耐热、耐寒性和抗病能力。

3. 逐步推广

引入品种经过一段时间的风土驯化之后，就可逐渐推广到商品兔场或专业养兔户饲养。育种兔场、繁殖兔场应做好推广良种的技术指导工作。

（二）品系繁育

品系，就是来自相同祖先，一般性状良好，某一项或几项性状表现突出，外貌相似的后裔群。就獭兔而言，由于毛色不同，通常把每一种毛色称为一个品系。为了开展品系繁育工作，可以根据不同性状，例如毛色、毛质、体型、生长发育、繁殖性能等特点进行选育，形成具有不同优良性状的小群，然后进行品群间杂交，这样就有可能在后代中综合不同小群的优良性状而提高獭兔品质。

品系繁育的方法，目前常用的主要有系祖建系、近交建系和表型建系等3种。

1. 系祖建系

在兔群中选出特别优良的种公兔，然后选择没有亲缘关系、具有共同特点的优良母兔10～15只与之配种，在后代中继续通过选种选配，进一步巩固和发展系祖的优良性能，迅速扩大优良兔群，使之获得具有与系祖相同优点的大量后代。

2. 近交建系

利用高度近交，使优良性状的基因迅速达到纯合，以达到建系的目的。建立近交系，基础母兔数越多越好，因近交中需大量淘汰，如基础群数量不足，就可能半途而废。近交建系的优点是时间短，效果显著；缺点是可能使有害隐性基因纯合，引起生活力下降。

3. 表型建系

根据生产性能、体质外型、血统来源等，选出基础群，然后闭锁繁育，经几代严格选育就可培育出一个新品系。这种方法简单易行，如果是养兔专业户，一家就可承担建系育种任务，而且环境条件一致，选育效果更好。

（三）杂交繁育

杂交繁育是指不同品种（或品系）的公兔、母兔之间的交配，用以提高兔群品质和培育出新的品种（或品系）的一种繁育方法。目前生产中常用的杂交方式主要有经济杂交、导入杂交、级进杂交和育成杂交等。

1. 经济杂交

经济杂交又称简单杂交。采用两个或 3 个品种（或品系）的公兔、母兔交配，目的是利用杂种优势，即后代的生产性能和繁殖能力等都可能不同程度地高于双亲的均值，提高生产兔群的经济效益。在獭兔生产中，采用这种杂交方式时，应认真考虑杂交亲本的选择。杂交亲本必须是纯合个体。另外，要根据毛色遗传规律，掌握毛色的显性基因对隐性基因的作用关系，切忌无目的和不按毛色遗传规律进行杂交。

2. 导入杂交

导入杂交又称冲血杂交。当一个品种基本符合国民经济的需要，但也存在个别缺点需要改良时，如采用本品种选育则需时间很长，导入外血后则能很快达到改良的目的，使原品种更趋完善。导入外血一般不超过 1/8 ~ 1/4，如导入外血过多，则不利于保持原品种的优良特性。实践证明，如果原品种与导入品种的主要性状差异不大，则回交一代后就可自群繁育，横交固定；如差异较大，进行二代回交后即可横交固定。

3. 级进杂交

级进杂交又称改造杂交。参加杂交的两个品种可分为改良品种与被改良品种，目的是改良与提高当前不能满足于社会经济要求的一些特性。方法是连续用改良品种的公兔与被改良品种的母兔及其一代女儿、二代外孙女杂交3~4代，直至杂种后代与改良品种的生产性能基本相符，即可进行自群繁育，横交固定，巩固和稳定其遗传性能。如果级进代数过少，过早横交自繁，则效果不好；但级进代数过高，适应性能往往降低。所以，必须及时分析杂交效果，不失时机地将理想类型进行横交自繁。

4. 育成杂交

主要用于培育新品种（或品系）。世界上现有的獭兔品系几乎都是用这种方法育成的。根据杂交过程中使用的品种数量，又可分为简单育成杂交和复杂育成杂交。通过两个品种杂交以培育新品种的方法，称为简单育成杂交。通过3个以上品种杂交培育新品种的方法，称为复杂育成杂交。育成杂交的步骤，一般可分为杂交创新、自繁固定、扩群提高3个阶段。运用多品种杂交时，应很好地确定杂交用的父本与母本，并严格选择，创造适宜的饲养管理条件。

## 三、配种技术

正确的配种技术和方法是提高獭兔繁殖性能和养殖效益的重要措施之一。

### （一）配种准备

要想获得理想的配种效果，根据一些养兔场的多年实践，必须做好以下准备工作。

1. 编制配种计划

配种前应根据选种选配的要求，编制好配种计划，内容包括计划繁殖胎次、配种日期等，有计划地使用好良种公兔并严格防止近亲交配。

2. 公兔、母兔健康检查

配种前应对公兔、母兔的健康状况进行一次严格检查，凡发现体质瘦弱、性欲不强，患有恶癖或其他疾病者，一律不准参加配种繁殖。

3. 调整饲养管理

参加配种繁殖的公兔、母兔最好具有七八成体膘，对过瘦种兔要加强营养，过肥者应适当减少精料喂量。对参加配种的公兔、母兔应加喂优质青绿饲料，以提高配种受胎率。

4. 安排配种时间

配种时间，春秋两季最好安排在上午 8：00～10：00 或下午 3：00～5：00。夏季利用清晨和傍晚，冬季选在比较暖和的中午较为适宜，一般喂料前、后 1 小时不宜进行配种。

5. 注意配种环境

配种前应检修好笼舍，特别是笼舍底板，以防止配种时发生意外事故。配种时应将母兔放入公兔笼内，以利于公兔集中精力完成配种任务，提高受胎率。

6. 精液品质检查

规模兔场在配种季节来临前，对种公兔必须进行 1 次精液品质检查，在配种季节也应视情况进行定期检查，及时淘汰精液品质差（精子密度低，畸形率高）的公兔。

7. 做好配种记载

配种季节来临前，生产技术管理部门应准备好各种登记表格，及时做好配种、产仔等的记载工作。

（二）自然交配

自然交配方法简单，配种及时，可节省人力。缺点是种公兔利用率较低。目前，养兔生产中，尤其小规模或家庭养兔者普遍采用人工辅助交配法。这种方法是在公兔、母兔分笼饲养的情况下，发现母兔发情后，将母兔放入公兔笼内，在配种员的看护和帮助下进行自然交配。

1. 准备工作

根据獭兔的选种选配原则，在配种前应选择毛色相同，体质健康，无疥癣、梅毒，性欲旺盛的公兔、母兔。性欲不强、患有疾病或有各种恶癖的公兔、母兔一律不能参加配种。配种必须在公兔笼中进行。为创造良好的配种环境，配种前应将笼内的粪便、污物清除干净，检修好笼底板，料槽、水槽等，最好在配种前移至笼外。

2. 配种程序

凡经检查发情良好、适宜配种的母兔，可放入选定的公兔笼内配种，待双方辨明性别后，公兔就会追逐母兔。如果母兔不接受交配，而又认为应该配种时，饲养人员可用左手抓住母兔耳朵和颈部皮肤，右手伸向母兔腹下托起臀部，以食指和中指夹住尾巴，露出阴门让公兔爬跨交配。这种人工辅助交配方法，在生产实践中仍可获得很好的配种效果。

3. 注意事项

1 只健康的成年獭兔公兔，在繁殖季节可承担 8～10 只母兔的配种任务。公兔的配种频率最好是 2 天 1 次，倘若母兔发情集中，也可适当增加配种次数，但应加以控制，不能滥交，以免影响公兔健康和精液品质。配种时间，春秋两季最好安排在上午 8：00～10：00，夏季利用清晨和傍晚，冬季选在比较暖和的中午进行。喂料前、后 1 小时内不要配种，这样可提高配种的受胎率和产仔数。

（三）人工授精

人工授精是獭兔繁殖、改良工作中最经济和最科学的一种配种方法。这种方法是用器械人工采集公兔精液，经适当处理后再用器械将精液输入母兔生殖道内，受胎率可达 80%～90%。人工授精的主要优点是：能充分利用优良种公兔，提高配种效率，迅速改良兔群质量；有利于减少疾病的传播，尤其是生殖器官疾病；可减少公兔的饲养量（公母比例一般可按 1：（80～100），为防近亲交配，一个有繁殖母兔 100 只左右的兔场，可饲养公兔 4～6 只），降低生产成本，提高经济效益。因此，有条件的地区应尽量采用人工授精。

1. 采精方法

采精是人工授精的关键环节。常用的采精工具为假阴道（外壳可用橡胶管或竹筒制作，长8~10厘米，内径3~4厘米，中间钻一小孔，以便灌水、充气；内胎可用乳胶指套代替；集精杯可采用直径1厘米的翻口玻璃试管或青霉素药瓶）。采精前先用75%酒精消毒假阴道，再用生理盐水冲洗，干燥后向假阴道内灌入45~50℃温水，然后吹气使内胎两端呈"Y"字形，温度达40℃左右时即可用于采精。采精时可将发情母兔放入公兔笼内，采精者一手抓住母兔两耳及颈部皮肤，固定母兔头部，另一手持假阴道置于母兔腹下两后腿之间，当公兔爬跨时将假阴道口对准公兔阴茎伸出方向，即可采精。一般健康的成年公兔，日采精次数不宜超过2次，连续采精3~4天后应休息1天。

2. 精液检查

精液采集后需要进行品质检查，以便确定能否用于输精。检查项目包括射精量，精液色泽、气味、pH、活力、密度、畸形率等。正常成年公兔平均每次射精量为1毫升（范围0.5~2毫升），呈乳白色，有特殊腥味，pH 6.8~7.2，每毫升精液含精子2亿个左右，肉眼可见云雾状的翻滚现象，这是精子密度大、活力强的标志。

精子活力受温度影响很大，温度过高时精子活动增强，养分消耗快，死亡也快；温度过低时精子活动缓慢，甚至可能发生"冷休克"，影响精子生存能力。因此，精液品质检查宜在35~37℃的环境温度下进行。正常精子呈蝌蚪状，具有一椭圆形的大头和细长的尾巴。凡双头、无头、大头短尾、局部蜷曲者统称为畸形精子。正常精液畸形率不得超过20%。

3. 精液稀释

精液稀释的目的是扩大精液的容积和延长精子的寿命，便于运输和保存。常用的稀释液一般由多种不同效应的物质组成：用以扩大精液容量，可用生理盐水（0.9%氯化钠）或5%葡萄糖溶液；用以补充精子能量的营养物质有葡萄糖、蔗糖、牛奶或卵黄等；常用的保护剂有青霉素、链霉素等；缓冲剂有柠檬酸钠、磷酸氢二钠等；抗冻剂有二甲基亚砜、三羟甲基烷基甲烷等；防冷休克作用的有卵黄、牛奶等。精液稀释后如立即输精，可用生理盐水或5%葡萄糖溶液稀释；如用于2～5℃低温保存，可用葡—檬—卵黄液稀释，配方为葡萄糖4.5克、柠檬酸钠0.4克、卵黄5克，加蒸馏水至100毫升。稀释倍数为1∶(5～10)，保持每毫升精液中含有可直线运动的精子1 000万个以上。

4. 输精方法

输精是人工授精的最后一个技术环节。常用的输精工具为特制的兔用输精器或用普通注射器和胶管组成。将输精器插入母兔阴道内7～8厘米，输入精液0.3～0.5毫升即可。但因獭兔属刺激性排卵动物，输精前应先进行促排卵处理，目前多采用肌内注射促排卵素3号5微克，在促排卵处理后2～5小时内输精，便可取得满意的效果。

5. 注意事项

为了提高母兔的受胎率与产仔数，在人工授精的整个操作过程中，必须注意以下几点。

第一，严格消毒，实行无菌操作。凡可能与精液接触的各种器具，均须严格清洗消毒，实行无菌操作。消毒操作顺序：一般先清洗擦净，经生理盐水冲洗后用75%酒精棉球消毒，再用生理盐水冲洗数次后擦拭干净。

第二，采精时的室温应保持在15%以上，假阴道内壁温度应保持在40～41℃，稀释时稀释液的温度应与精液等温（25～35℃），防止因过冷或过热刺激而降低精液品质。

第三，输精时动作要轻缓，输精部位要准确。输精前母兔的外阴部应用浸过0.9%氯化钠溶液或0.5%葡萄糖冲洗液的纱布或棉球擦拭干净。如有条件，最好每只母兔输1次精液后调换1支输精器。

（四）精液冷冻保存

精液冷冻保存是养兔生产中值得推广应用的一项新技术。冷冻保存的精液可供兔场长期使用，扩大良种公兔的利用范围，降低引种费用和饲养成本。

1. 人工采精

采用常规假阴道法采集精液，经品质评定（射精量、精子活力、密度、色泽、pH 值等）。凡精子活力在 0.6 以上，每毫升精子密度 5 亿个以上的精液，方可进行冷冻保存。经常规鉴定的精液，在贮精试管上贴好标签，注明采精时间及公兔编号。

2. 稀释分装

按精液量 1∶1 比例缓慢加入 7.6% 等温葡萄糖液稀释精液。将稀释后的精液分装于离心管中，采取变速上档迅速退档的方法，倾出上清液。经评定，稀释后的精子活力符合要求者，分装安瓿，每支剂量 0.5 毫升，并含有效精子数（呈直线运动）1 000万个以上。

3. 降温平衡

将分装安瓿用纱布包裹后于 0～5℃条件下降温平衡，一般由 25℃降至 9℃，需时 45 分钟；由 9℃降至 5℃，需时 45 分钟；由 5℃降至 0℃，需时 90 分钟。经降温平衡后的精液，即可进行冷冻保存。

4. 冷冻保存

一般以液氮为冷源，将降温平衡后的精液安瓿迅速转至液氮面上进行冷冻（－180～－160℃），熏蒸冷冻 8～10 分钟后将精液安瓿迅速浸入液氮罐中，冷冻 2～3 分钟后即可达到彻底冻结程度进行长期贮存。

5. 解冻方式

目前国内普遍采用的解冻方式，将冷冻精液安瓿置于 30～40℃温水浴中快速解冻，待冻结精液全部溶解后，即可评定精子活力，凡精子活力在 0.3 以上者即可用于输精。

## 第三节　獭兔的饲养管理技术

### 一、饲养管理的原则

（一）青料为主，精料为辅

獭兔属单胃食草动物，饲料应以青粗饲料为主，营养不足部分，用精饲料补充。据试验，日粮中如果精饲料用量偏高，粗纤维含量不足，而淀粉、蛋白质含量较高，则会破坏盲肠内的微生物区系平衡，导致有害微生物大量繁殖，产生毒素，引起肠炎腹泻等症。青粗饲料是日粮中粗纤维的主要来源，一定比例的青粗饲料，一方面是獭兔维持正常生理功能的需要，另一方面又是降低养兔成本、提高效益的重要措施之一。

据生产实践，獭兔日粮中青粗饲料应占全部日粮的70%～80%，混合精饲料占日粮的20%～30%。体重为3.5～4.0千克的成年兔，每天应供给青粗饲料400～500克，为体重的10%～20%；补喂混合精饲料100～150克，为体重的3%～5%。

（二）合理调制，注意品质

獭兔对饲料的选择比较严格，凡被践踏、污染的草料，霉烂、变质的饲料，一般都拒绝采食。因此，饲喂獭兔的饲料必须清洁、新鲜。为了改善饲料的适口性，提高消化率，各种饲料在饲喂前必须适当加工、调制。

青草和蔬菜类饲料应先剔除有毒、带刺植物，如受污染或夹杂泥沙则应清洗晾干再喂，水生饲料更要注意清除霉烂、变质和污染部分，晾干后再喂。对含水量高的青绿饲料应与干草搭配饲喂，单喂效果不好。

粗饲料（干草、秸秆、树叶等）应先清除尘土和霉变部分，最好粉碎成干草粉与精饲料混喂或制成颗粒饲料饲喂。

块根饲料要经过挑选、洗净、切碎，最好切成细丝与精饲料混合饲喂；冰冻饲料一定要解冻或煮熟后方可饲喂。

谷物饲料（大麦、小麦、玉米等）和油饼类饲料均需磨碎或压扁，最好与干草粉拌湿或制成颗粒饲料饲喂。

据生产实践证明，注意饲草、饲料的品质，还必须做到以下“十不喂”。

一不喂霉烂、变质饲料。

二不喂带雨、露水的青绿饲料。

三不喂粪、尿污染的饲料。

四不喂农药污染的饲料。

五不喂冰冻饲料。

六不喂发芽马铃薯和带黑斑病的甘薯。

七不喂未经蒸煮或焙烤的豆类饲料。

八不喂有毒植物。

九不喂大量的牛皮菜、菠菜等。

十不喂大量紫云英等豆科青绿饲料。

### （三）定时定量，少给勤添

獭兔的饲喂方式有3种：第一种为自由采食，即经常备有饲料和饮水，任其自由采食。一般大型养兔场多采用这种方式，常用的饲料为全价颗粒饲料，优点是能充分发挥獭兔的生产性能。第二种为定时定量，即限量饲喂，每天喂兔的饲料数量、饲喂时间和喂料次数都是一定的，这样可使獭兔养成良好的采食习惯，增进食欲，有利于饲料的消化吸收。每天饲喂次数，一般成年兔为3～4次，青年兔4～5次，幼兔可增加到5～6次，通常精饲料分2次喂给，青粗饲料分3次喂给。第三种为混合法，即基础饲料（青饲料、粗饲料等）采取自由采食方式，补充饲料（精饲料或颗粒饲料）采取限量饲喂。

根据生产实践，要养好獭兔，应按营养需要和季节特点，制定出喂兔的操作日程，并要保持相对稳定，不要忽早忽迟，也不能饥饱不均。在饲喂过程中，要掌握先喂草，后喂料，这样既能让兔吃饱吃好，又能使饲料得到充分消化，提高饲料利用率。根据獭兔昼静夜动的特点，饲喂时应掌握早餐要早，晚餐要晚，中餐要精的原则。群众有“獭兔无夜草不肥”的说法，特别是冬季更应注意这一点。

（四）更换饲料，逐步过渡

獭兔的日粮组成应相对稳定，调换饲料要逐步过渡。根据目前我国农村的养兔习惯，一年之中饲料和饲草的种类和来源总在发生变化。一般春季、夏季、秋季青绿饲料充足，冬季则以干草和根茎类饲料为多，随着季节的变化，饲料和饲草也随之改变。更换饲料时，不要突然变换，必须逐步过渡。突然改变饲料种类，往往会引起獭兔采食量下降，严重时则可能导致消化紊乱，甚至引起肠炎、腹泻等消化道疾病。

据生产实践，无论是青绿饲料、粗饲料或精饲料（颗粒饲料），需要更换时，都应做到逐步过渡，先更换1/3，经2～3天后再更换1/3，再过1～2天后，才可全部改用新饲料，让獭兔的消化功能有一个逐渐过渡、适应的过程，以免引起食欲下降，或贪食过量而导致消化道疾病。

（五）加喂夜草，供足饮水

獭兔属夜行性动物，一般白天多趴卧于笼内，活动量较小，夜间则特别活跃，采食量和饮水量为昼夜总量的60%～70%。实践证明，凡根据其习性做到精心饲喂，獭兔就生长良好；违背其习性，只注意白天饲喂，夜间空槽，饲养效果肯定就差。因此，一定要加喂夜草，特别是昼短夜长的冬季，夜间应多添饲草，以供采食。

水是獭兔的重要营养成分之一，有人错误地认为“兔子饮水多了易腹泻”。其实，腹泻与饮水没有必然联系，只要正常应用质量合格的饮水决不会引起任何疾病，饮水不足则可引起消化紊乱，食欲减退，甚至诱发肠毒血症等。所以，要想养好獭兔，一定要供足饮水。笼养兔最好采用自动饮水设施。采用敞开式饮水器具饮水，则应防止粪便、污物、农药等污染饮水，以保证饮水质量安全。

（六）保持安静，注意卫生

獭兔胆小怕惊，一旦受惊，就会引起精神不安，食欲减退，甚至死亡。据试验，饲养在安静兔舍中的3～4月龄青年兔，每月增重可达0.5～0.8千克，而饲养在受到经常骚扰笼舍中的同龄青年兔，则增重很少，甚至无增重。因此，在日常的饲养管理工作中或者接近兔笼、兔舍和兔群时，都要轻手轻脚，保持安静环境，更要防止狗、猫、鼠、蛇等的侵袭。

兔舍污秽潮湿，易使病原微生物繁殖，导致疾病蔓延。因此，每天必须打扫兔舍，清除粪便，洗刷饲具，勤换垫草，定期消毒，经常保持兔笼和兔舍的清洁干燥，以便增强獭兔体质，预防各种疾病，提高生产效益。

（七）仔细观察，定期检查

为了做到无病早防，有病早治，饲养人员应每天仔细观察獭兔的精神和食欲（有无剩料、剩草），粪便的形状、大小和数量，有无异常声音（咳嗽、喷嚏等）和伤亡，有无发情母兔和拉毛、叼草与产仔等。有经验的饲养员，平时可一边喂兔，一边观察，一边记录或处理，如发现患病獭兔，必须及时隔离。如异常獭兔数量较多，则应高度重视，分析原因，及时采取有效措施。

定期检查是规模养兔的重要管理内容之一。检查内容，一是重点疾病，如耳癣、脚癣、鼻炎、脚皮炎、乳房炎等。二是种兔体质，包括膘情、被毛、体重等。三是繁殖效果，统计繁殖记录，淘汰生产性能低劣个体和老弱病残兔。四是生长发育和发病死亡情况等。定期检查后要进行及时记录登记，以便总结经验和教训。

## 二、种兔的饲养管理

### （一）种公兔的饲养管理

1. 种公兔的饲养

种公兔的饲养水平对配种能力和精液品质有很大影响，因此，在饲养上要注意营养的全面性和长期性。蛋白质、矿物质和维生素对精液的数量和质量有着重要作用，所以配种期要多喂些对精子生成有利的饲料，尤其是要多喂些含维生素较多的饲料，如大麦芽、小麦芽、胡萝卜、鱼粉、大豆等。实践证明，对种公兔的饲养，除应注意营养的全面性之外，还要注意营养的长期性。因为精细胞的发育过程需要一段较长的时间，对精液品质不佳的公兔改用优质饲料来提高精液品质时，要长达20天左右才能见效。所以，对一个时期集中使用的种公兔，配种前20天左右就应调整日粮，达到营养价值高、适口性好的要求。

日粮蛋白质水平应该控制在16%～17%，喂料量根据配种强度的大小和种公兔体型、体况（膘情）而灵活掌握。

2. 种公兔的管理

为了使种公兔体质强壮、配种能力强，要适当增加活动空间，加强运动，每天至少出笼运动1～2小时；控制獭兔初配时间，要达到成年獭兔体重的75%才能配种；严格控制种公兔体重，适宜的体重为3.5～4千克；种公兔的配种次数要合理，以一天配两次为宜，青年公兔一天只能配一次，连续配种2～3天后要休息一天，控制在每周配种6～10次为宜。一般公母比例1:(8～10)。配种过早、过频会降低种公兔的利用年限，配种3年左右的公兔应及时淘汰。控制饲养环境，清洁、卫生、干燥、凉爽、安静等，应尽量减少应激因素。在配种时还必须有详细的配种记录，以便分析和预测种公兔的配种能力和种用价值，为选种选配打下基础。

### （二）种母兔的饲养管理

种母兔按照生理阶段的不同，可划分为3个阶段：空怀期、妊娠期和泌乳期。不同时期的饲养管理是不同的。

子兔断奶到再次配种怀孕前的这段时间为空怀期，也叫休情期，一般为 10～15 天。此期母兔多数都比较瘦弱，所以应尽快恢复体力，为下一次配种产仔打好基础。因此，要多喂一些优质的青绿多汁饲料，并适当喂给一些精料。

1. 空怀母兔的饲养

饲养空怀母兔营养要全面，在青草丰盛季节，只要有充足的优质青绿饲料和少量精料就能满足营养需要。空怀母兔应保持七八成膘的适当肥度，过肥或过瘦的母兔都会影响发情、配种，要调整日粮中蛋白质和碳水化合物含量的比例。对于家庭小规模獭兔场，应该以青饲料为主，精饲料为辅，根据膘情酌情补料；对于规模较大而饲喂全价配合饲料的獭兔场，饲料配方应该作适当的调整，增加粗纤维含量，减少能量和蛋白质比例；对于全场饲喂一种饲料（不分品种、大小、生理阶段）的獭兔场，应该严格控制饲喂量。

2. 空怀母兔的管理

对空怀母兔的管理应做到兔舍内空气流通，兔笼及兔体要保持清洁卫生，对长期照不到光线的兔子要调换到光线充足的笼内，以促进机体的新陈代谢，保持母兔性机能的正常活动。空怀期为了提高笼具的利用率，可以实行群养或 2～3 只母兔在一个笼子内饲养，但是平时必须注意观察其发情表现，掌握好发情症状，做到适时配种。对长期不发情的母兔可采用异性诱导法或人工催情。

## 三、子兔的饲养管理

从出生至断奶的小兔称为子兔。子兔出生后裸体无毛，体温调节功能不全，对温度变化敏感，尤其怕冻。生长发育很快，母乳为其惟一的营养来源。

1. 饲养技术

喂好初乳是提高子兔抗病力和成活率的重要措施之一。初乳是指母兔产后1~3天内的乳汁，含有丰富的营养物质和抗体，还有助于排泄胎粪。因此，子兔出生后6小时内就应吃到初乳，子兔吃饱后，腹部圆胀，肤色红润，安静少动；未吃饱时，皮肤皱褶，肤色发暗，骚动不安。随着子兔日龄的增长，母兔泌乳量开始减少。一般从16~18日龄开始就应及时补料，开始时可喂给少量容易消化而营养丰富的饲料，如豆浆、牛奶、米汤及切碎的嫩青草、菜叶等。20日龄后可加喂麦片、麸皮或豆渣和少量木炭粉、矿物质和洋葱、大蒜等消炎、杀菌、健胃料，以增强体质，减少疾病。

2. 管理技术

子兔出生后可分为睡眠期和开眼期两个阶段，这是獭兔一生中比较难养的时期，容易造成子兔死亡。主要原因有：一是冻死。个别母兔在产仔箱外产仔，可导致全窝冻死；有的母兔在产仔箱内排尿，导致子兔淋湿冻死；有的因母兔泌乳不足，子兔未吃饱，吸住奶头不放，被母兔带出产仔箱外而冻死。二是鼠害。哺乳子兔易遭老鼠咬伤、咬死，有的兔场因管理不善，子兔死于鼠害者高达30%~40%。三是病害。子兔抗病力弱，尤其易患黄尿病、球虫病，导致子兔的大批死亡。因此，要想使子兔达到全活全壮，主要应抓好以下工作。

（1）保温防冻　冬季和早春因气温偏低，子兔怕冻，应做好保温防冻工作。产仔箱内应放置保温性好、吸湿性强、干燥松软的稻草、麦秸或碎刨花等，然后铺一层保暖的兔毛，铺垫兔毛的数量，可视外界气温高低而定，天冷加厚，天热减少。设备条件较好的兔场，可在兔舍内安装取暖保温设备，使舍内笼养兔群在严寒季节仍能正常繁育子兔；规模较小，设备较差的兔场，可在母兔分娩时临时移至温暖的房间，产仔后将母兔放回原笼饲养，待哺乳时再将母兔捉回哺乳。

（2）定时检查　管理良好的兔场应每天定时检查子兔的发育情况。生长发育正常的子兔肤色红润，腹部饱满，安睡不动；

反之则肤色灰暗，两耳苍白，腹瘪皮皱，乱爬乱窜，时时发出“吱吱”叫声，全窝子兔个体差异很大，有的腹泻，有的便秘等。出现这类情况多因母兔泌乳不足所致，应及时采取措施，适当增加子兔营养，并对缺乳母兔加强饲养，多喂青绿多汁饲料，以提高泌乳量。另外，检查时发现死兔应及时捡出。

（3）搞好卫生　子兔抗病能力弱，特别是开食之后，粪便增多，必须坚持每天清扫，定期消毒，产仔箱更要勤换垫草，保持清洁干燥。潮湿的产仔箱，既不利于保温，更不利于子兔的健康。另外，还要严格纠正母兔在产仔箱内排泄粪尿的恶习。子兔与母兔最好分笼饲养，每天定时哺乳，既可使子兔吃食均匀，又可减少接触母兔粪便而感染病菌的机会。子兔断奶前还应及时做好饲喂用具及笼舍的清扫、消毒工作，保证断奶子兔有良好舒适的环境。

（4）适时断奶　子兔一般在 30 ~ 40 日龄断奶。断奶过早，因子兔消化系统尚未发育成熟，对饲料的消化能力很差，生长发育就会受到影响；反之，若断奶过迟，子兔长期依靠母乳营养，影响消化酶的分泌，也会导致子兔生长缓慢，同时对母兔的健康和繁殖胎次也有直接影响。子兔断奶前后 1 ~ 2 周，应尽量做到饲料、环境、管理三不变，以防产生孤独感和恐惧感，影响子兔的健康。

（5）预防疫病　子兔采食时误食母兔粪便、饲料中的各种微生物和寄生虫后极易感染子兔黄尿病、脓毒败血症和球虫病，严重影响子兔的生长和健康。因此，在子兔开食和断奶期间，最好在饲料中定期添加适量的氯苯胍或喹乙醇等，既有防病作用，又能促进子兔的生长和发育。另外，为防止兔瘟的危害，断奶后最好进行 1 次兔瘟疫苗的免疫接种，还要根据当地常见传染病情况，定期做好预防工作。

## 四、生长期獭兔的饲养管理

### （一）幼兔饲养管理

从断乳到3月龄的小兔称为幼兔。此阶段幼兔生长发育快，且由于刚断乳，消化能力差，抗病力弱，适应性差。所以，在饲养管理上应做好如下工作：多喂些营养价值高、易消化的精饲料，适当补充一些动物性饲料；还要多喂一些多汁的青饲料，如落豆秧、蒲公英等；日喂量以基本吃饱为宜，每天饲喂3~5次，勤喂少添；幼兔易患肠炎、皮炎、球虫病等，在饲料中要经常添加土霉素和磺胺类药物等；笼舍要放置在向阳、背风、干燥的地方，使幼兔多接受阳光，但不宜放在强光下照射。冬季室内饲养，温度应保持在5~10℃，同时搞好室内及笼舍卫生。

### （二）青年獭兔饲养管理

3月龄以上到成熟配种前这段时间称青年兔时期。此期的獭兔消化系统已经发育完备，食欲强，采食量大，对粗纤维的消化利用率高，体质健壮，抗病力强，生长非常迅速，尤其是肌肉和骨骼，已达到或接近性成熟。因此，这一时期的饲养管理要点是控制体重，保证体质健壮，使其达到种用獭兔的标准。

1. 青年獭兔的饲养

青年獭兔在3月龄阶段正是生长发育的旺盛时期，必须保证足够的优质干草、青绿多汁饲料和矿物质饲料等营养的供应。青年兔以青粗饲料为主，但到3.5月龄时，精料要适当增加。其夏季和秋季日喂量精料为40~70克，青饲料600~700克；冬季和春季精料日喂量为50~90克，块根类200克，干草粉130~160克。精饲料的配比为：玉米面30%、豆饼20%、麦麸20%、米糠20%、大麦6%、鱼粉3%、食盐1%。每天饲喂3次。4月龄以后，脂肪的囤积能力增强，为了防止獭兔过于肥胖，应该适当控制能量饲料，多喂青饲料。只有控制好体重，才能保持旺盛的繁殖机能和活泼健壮的体质；否则，体重过大，配种能力会大大下降。

2. 青年獭兔的管理

在管理上，群养的獭兔，公、母应分开饲养，最好一兔一笼，防止早配。4.5～5月龄时，应进行全面检查并进行配种，符合种兔要求的，放入育种群，做好系谱记录。没达到种用标准的公兔、母兔，应按商品兔饲养、肥育。加强运动，多晒太阳，能够促进青年獭兔的骨骼生长发育，增强体质。

青年獭兔代谢旺盛，抗病力强，一般疾病很少，但对兔病毒性出血症十分敏感，极易感染发病，死亡率高达80%～100%，因此要适时接种疫苗，重点预防兔瘟的发生。

# 第五章　兔病防治技术

兔病是养兔生产的大敌，特别是各种传染病及某些危害性较大的寄生虫病，一旦传播流行就会带来严重的经济损失。为有效预防、控制和消灭兔病，保证养兔业的健康发展，生产中一定要坚持“预防为主，防重于治”的原则，做到无病早防，有病早治，尽量减少因兔病造成的经济损失。

## 第一节　兔病的诊断方法

正确诊断兔病是兔病防治的重要依据，特别是规模化养兔，一旦发现病兔或出现死亡现象，应尽快查明原因和性质，以便采取有效措施，控制兔病危害。

**一、病史调查**

病史调查的目的是了解饲喂兔饲料的来源、数量，有无霉变现象，饮水有无污染，周边兔场的发病情况，发病时间、数量、年龄及主要症状、用药情况等，以便作为分析病情的重要依据。

**二、外貌检查**

主要通过肉眼观察、收集可见的临床症状，如病兔的营养、姿势、精神及耳、鼻、眼睛等状态。

1. 营养状态

体况和营养是兔健康与否的重要标志，也是日常饲养管理好坏与疾病过程的具体表现。健康兔表现为肌肉丰满，被毛平滑、富有光泽，骨骼棱角不露。营养不良兔则表现为被毛粗乱、缺乏光泽，身躯瘦小，皮肤缺乏弹性，骨骼外露明显。病兔一般表现为胸窄腹大，脊椎骨突出，被毛粗乱、污浊不洁。

2. 姿势状态

健康兔姿势自然，两耳直立，行动敏捷，动作协调，夏天多侧卧，冬天多蹲伏，蹲伏时前肢伸直互相平行，后肢自然置于腹下，除采食外多呈假眠和休息状态。病兔则表现为姿势异常，如反常站立，伏卧不动和不平衡地运动等。歪头者可能患巴氏杆菌病，转圈者可能是李氏杆菌病，病理性躺卧则多见于骨折等。

3. 精神状态

健康兔精神饱满，两眼有神，活泼好动，遇有轻微的异常声响，就会抬头竖耳，分辨外界情况，受惊时就会后肢跺地，报警全群。病兔则精神萎靡，呈现过度兴奋或抑制，两眼无神，好蹲卧于笼舍一角，对外界发出的突然声响反应很不敏感。如中暑时多呈过度兴奋或抑制，中毒时多呈兴奋不安、痉挛麻痹、共济失调等症状。

4. 耳鼻状态

健康兔耳色粉红，血管明显，无口涎、鼻液流出或无其他任何分泌物等。如发现耳色潮红，手触有热烫感则为发热；如耳色青紫，耳温过低，则疑有重病。病兔口、鼻周围常有口涎和分泌物，鼻端、耳背有结痂或脱屑等现象则可疑患有疥癣或脱毛癣病；两耳及头部皮肤高度肿胀则可能是黏液瘤病。

5. 眼睛状态

健康兔的眼睛圆瞪明亮，活泼有神，眼睑红润，眼角干净，无眼屎等分泌物；病兔则两眼呆滞，结膜潮红，有不同性状的分泌物。如眼结膜颜色潮红、苍白、发绀、黄染等，眼裂变小，眼睑沉滞则疑有重病；双眼流有黏液性、脓性分泌物等则可能是慢性巴氏杆菌病、结膜炎等。

## 三、临床检查

体温、脉搏、呼吸数是獭兔生命活动的重要指标，在临床诊断时经常测定这些指标，作为检查、分析病情的重要依据。

1. 体温检查

健康兔的正常体温为38.5～39.5℃，幼兔为40℃左右。当排除生理因素（如年龄、性别、品种、营养、兴奋、活动）和气候条件等影响后，体温偏高或偏低均为病态表现，如体温升高多为急性传染病。所以，测温对兔病的早期诊断和群体检查具有重要意义。患细菌、病毒性疾病时，都会引起体温升高。

2. 脉搏检查

健康兔的脉搏为80～100次/分，幼兔为100～160次/分。检测脉搏可在肱骨内侧桡动脉进行触诊，如触诊有困难时，可检测心跳，根据心跳或心音频率测定。检查脉搏有助于了解心脏活动与血液循环状态，这对于疾病的诊断和预防都有实际意义。检查脉搏应从次数、节律和性质等方面进行全面分析，作出正确判断。

3. 呼吸检查

健康兔的呼吸次数为40～60次/分，幼兔为60～70次/分。影响呼吸数变动的因素有年龄、性别、品种、营养、活动和外界温度等，如果排除这些因素造成的呼吸次数改变，即可认为是病理性的呼吸加快或减慢。呼吸急促多为急性热性传染病；呼吸时发出鼾声，或打喷嚏、流鼻液则可能是巴氏杆菌病。

## 四、病理检查

一旦兔场怀疑某种疾病时，一般可通过解剖病死兔，检查浅表淋巴结、消化系统及腹腔脏器等，观察病理变化情况。

1. 浅表淋巴结检查

通常检查颌下淋巴结（下颌骨腹侧）、肩前淋巴结（肩胛前缘）、股前淋巴结（髂骨外角）等。健康兔浅表淋巴结很小，平时很难摸到；如患野兔热时全身淋巴结肿大，尤其是颌下淋巴结明显肿大；如机体局部脓性感染时，病灶附近淋巴结发生急性脓肿；如患结核或假性结核时，淋巴结发生慢性肿胀。

2. 消化系统检查

主要检查胃部有无积食，肠道有无臌气，腹腔有无积液等。健康兔腹部柔软而有一定弹性，胃肠道不见明显增大；如患大肠杆菌病则病变多呈卡他性或出血性肠炎，肠壁变薄，肠黏膜脱落；如患魏氏梭菌病则胃内充满食物，小肠、盲肠和结肠内充满气体，肠内容物呈黑色，有腐败臭味。

3. 腹腔脏器检查

主要检查心、肺、肝、脾、肾等脏器，观察腹腔脏器位置、形态、颜色是否正常。如患兔病毒性出血症的病兔多呈肝脏肿大质脆，脾脏、肾脏淤血肿大，有针尖状出血点，膀胱充满尿液，尿液带血色；如患肝型球虫病的病兔，则肝脏肿大，肝表面有粟粒至豌豆大小的白色或浅黄色结节。

**五、实验室检查**

通过外貌、临床及病理检查之后，如一时难以作出确诊时，一般可通过细菌学、免疫学或粪便检查等，可对疾病作出准确判断。

1. 细菌学检查

包括细菌显微镜检查，病原菌分离培养鉴定和动物试验等，是检查病原菌的重要手段之一。主要通过病料涂片、染色和显微镜检查，分离培养进一步确定细菌种类，必要时还可进行动物发病试验，观察病变及死亡情况。

2. 免疫学诊断

目前较为常用的有凝集反应、沉淀反应、补体结合反应、中和反应及免疫荧光检查、酶联免疫检查和放射免疫检查等，其中凝集反应是最简单、准确的兔病诊断方法。一旦怀疑兔场发生兔瘟时，可采集病料（肝、脾等），送实验室进行红细胞凝集反应试验。

3. 粪便检查

通常采集病兔新鲜粪便进行虫卵和虫体检查，根据形态特征等进行分类鉴定。虫卵检查有直接涂片法和集卵法两种；虫体检查主要是检查粪便中的蠕虫虫体和线虫幼虫。

## 第二节 常见兔病的防治

### 一、兔病毒性出血症

又称兔瘟、兔出血性肺炎、兔坏死性肝炎、兔传染性出血病和兔病毒性猝死病。

【病原】该病病原为兔出血症病毒，属于环状病毒科、环状病毒属。

【流行特点】兔瘟病发病迅速、传播快、流行广，死亡率高达90% ~100%。发病时间多在春秋两季。不同年龄、性别和品种的獭兔均易感染，但该病主要侵害3月龄以上的青年兔和成年兔，未断乳的兔一般不发病死亡。本病主要传染方式是接触传染，如病兔与健康兔接触、抓兔、配种，或吃了被污染的饲料、饮水等都可传播本病。

【临床症状】临床表现因发病过程的不同而不同。感染初期多呈最急性、急性经过，感染后期为亚急性经过。潜伏期较短，通常为3 ~5 天。急性的体温上升到40℃，精神忧郁，数小时后体温急剧下降，呼吸急促，最后死亡。康复兔带毒。

（1）最急性型　无任何明显症状即突然死亡。病兔死前不吃食，多有短暂兴奋，如尖叫、挣扎、抽搐等。死后呈角弓反张姿势，有些患兔死前鼻孔流出泡沫状的血液。这种类型病例常发生在流行初期。

（2）急性型　精神不振，被毛粗乱，迅速消瘦。体温升高(41℃以上)，呼吸急促，食欲减退或废绝，饮欲增加。死前突然兴奋，狂奔、尖叫、打滚、抽搐、全身颤抖、体温下降后死亡。有时病死兔鼻孔流出泡沫样血液。

以上两种类型多发生于青年兔和成年兔，患兔死前肛门松弛，流出少量淡黄色的黏性稀便。

(3) 慢性型　多见于流行后期或断乳后的幼兔。体温升高，精神不振，不爱吃食，爱喝凉水，消瘦。病程2天以上，多数可恢复，但仍为带毒者，可感染其他家兔。

【诊断】该病可以根据流行规律和临床症状作初步诊断，但须进行实验室检查才能确诊。本病的实验室常规检测方法为血凝试验，也可采用血凝抑制、琼脂扩散试验、荧光抗体染色、免疫酶组织化学染色、酶联免疫吸附试验及电镜等方法检验。

【预防】

(1) 建立防疫制度　严禁兔商进入兔场，不要到疫区购买种兔，新购种兔要隔离观察至少半个月才能混群。

(2) 按时注射兔瘟疫苗　目前我国生产的兔瘟强毒灭活苗对兔瘟具有很好的预防效果。每只兔颈部皮下或腿部肌内注射1毫升，注射后4～6天即产生免疫力。保护率100%，免疫期6个月。

(3) 发生疫情紧急治疗　颈部皮下注射抗兔瘟病血清6～8毫升，一般注射1次即可。严重的隔日再注射1次。其保护率和治愈率分别达90%和88%。如同时在皮下或肌内注射中药田基黄或板蓝根或复方大青叶等注射液1～2毫升，则效果更好。

(4) 病兔一律淘汰，与死兔一起深埋或焚烧，不得取皮或食用。上游疫区流下来的河水也不能与兔接触。兔舍、兔笼定期进行清扫消毒，发生兔瘟后应用过氧乙酸彻底消毒。

【治疗】应用高免血清有一定的治疗效果。每只兔皮下注射或肌内注射5毫升，每日注射1次，连用3日。

## 二、大肠杆菌病

该病是由致病性大肠杆菌及其毒素引起的一种暴发性、死亡率很高的肠道传染病，对养兔生产的危害性极大。

【发病特点】本病一年四季均可发生，尤以夏秋高温、高湿季节多发。饲养管理不当、气候突变、饲料营养不全、其他疾病感染等因素均有可能导致肠道菌群失调，抗病力降低，引发内源性感染、病兔腹泻排出病原菌，污染饲料、饮水及兔舍环境等均可导致外源性感染。各种年龄兔均有易感性，但以1～4月龄的青年兔最为敏感，尤以20日龄及断奶前后兔最敏感。

【临床症状】临床上以水样腹泻或黏液性腹泻为主要特征。最急性型病例未见任何症状突然死亡，病程长者食欲减退，精神沉郁，腹部膨大，初期粪便细小、成串、外包透明胶冻状黏液，随后出现水样腹泻，病兔四肢发冷，迅速消瘦，衰竭死亡。剖检可见胃、十二指肠和空肠充满大量液体和气体，回肠内容物呈黏液胶冻样肠黏膜充血、出血、水肿，肝肿质脆，表面有点状灰黄色坏死灶。

【防治方法】

（1）加强饲养管理　搞好兔舍环境卫生，减少各种应激，特别对断奶前后的子兔、幼兔应加强管理，防止饲料骤变，病兔应及时隔离饲养。

（2）做好预防工作　发病兔场，可从本场病兔中分离大肠杆菌制成氢氧化铝甲醛菌苗，进行预防注射，每兔1毫升，肌内注射。

（3）药物防控方法　治疗时最好先用本场分离菌进行药敏试验，选用敏感药物。一般可用链霉素，每千克体重20～30毫克，肌内注射，每日2次，连用3～5天；土霉素，每千克体重20～50毫克，内服，每日2次，连用2～3天。应用药物治疗时，可配合使用活性炭、多种维生素、小苏打等辅助治疗，效果更佳。

**三、传染性口炎**

本病常在养兔场内广泛流行，是以口腔黏膜水泡性炎症为主的急性传染病，又称为流涎病。

【病原】该病病原为水泡性口炎病毒，属弹状病毒科、水泡病毒属。

【流行特点】患病动物是本病的传染源，从其水泡液和唾液中排出病毒，污染环境而造成扩散。通过直接接触和间接接触的方式而传播。病毒经由损伤的皮肤、黏膜或消化道途径侵入动物体。昆虫起着重要的传播作用，厩蝇、6 种虻、3 种斑虻和 4 种蚊子都证明是病毒的机械携带者。

【临床症状】潜伏期 5～7 天。病初口腔黏膜潮红。随后，在唇、舌、硬腭及口腔黏膜的其他处出现充满清亮纤维素性浆液的水泡，不久破溃形成烂斑和溃疡，同时大量流涎。如发生继发性细菌感染，则造成唇和舌坏死，而具有恶臭味。随着流涎，使下颌、肉髯、颈胸部和前爪沾湿，该处的绒毛变湿，黏成一片。局部的皮肤，由于经常浸湿和刺激，而发生炎症和脱毛。由于口腔损害，食欲减退或拒食，随着损害严重，则发热，沉郁，腹泻，日渐消瘦，虚弱，拖延 5～10 天后死亡。死亡率常在 5% 以上。剖检可见唇、舌和口腔黏膜有糜烂和溃疡，咽头部分聚集泡沫样唾液，唾液腺肿大发红。胃内有少量黏稠液体和稀薄食物，肠黏膜常有卡他性炎症变化。

【诊断】根据流涎和口腔炎症等特征，一般容易作出诊断。应该与化学刺激剂、有毒植物、霉菌污染饲料引起的口腔炎症加以区别。

【预防】创造良好的饲养管理条件，特别要注意加强春秋两季的卫生防疫措施。防止引进病兔。检查饲草质量，以避免过于粗糙的饲草、芒刺、尖锐物等损伤口腔黏膜。在兔群中发现流涎时，立即隔离病兔，进行治疗。同时，对房舍、兔笼、用具等，用 1%～2% 氢氧化钠溶液或 20% 热草木灰水消毒。

【治疗】对有传染可疑的健兔，饲喂磺胺二甲嘧啶，每千克体重 0.1 克，每日 1 次，连续数日，进行药物预防以控制继发感染。局部治疗时先用防腐消毒药液（2% 硼酸溶液、2% 明矾溶液、0.1% 高锰酸钾溶液、1% 盐水等）冲洗口腔，然后涂搽碘甘油；2% 硫酸铜溶液，每日 1～2 次。撒布冰硼散粉剂；明矾粉与少量白糖的混合剂；青黛散（青黛、黄连、黄芩各10克，儿茶、冰片、桔梗各6克，明矾3克），每日3次；黄芩粉；涂搽调成粥状的四环素（把四环素片研细，加水调成粥状），成兔用0.5克。有人以甘草粉和甘油等量混合，涂搽。用桂林西瓜霜喷雾，每日2次。配合全身治疗，内服磺胺二甲嘧啶、磺胺嘧啶，每千克体重0.2～0.5克，每日1次。

**四、球虫病**

本病是危害肉兔最严重、最普遍的一种体内寄生虫病，尤其对幼兔危害极大，发病后死亡率高达80%以上。

【发病特点】危害肉兔健康的球虫有14种，其中感染率高、传染面广、危害严重的有8种。病兔所排出的粪便中含有大量球虫卵囊，当外界相对湿度为55%～75%，温度为20～28℃时，经2～3天球虫卵囊即发育成熟而具有感染性，随污染的饲料、饮水、垫草被兔子采食后就会感染球虫病，尤以断奶至3月龄幼兔易感性最强，死亡率很高，成年兔感染后发病轻微。

【临床症状】本病在温暖、潮湿、多雨季节最易流行，因球虫种类和感染部位不同，临床上可分为肠型、肝型和混合型3种。

（1）肠型　多呈急性经过，常突然倒地死亡，头向后仰，两后肢划动，死前发出惨叫。急性未死病兔转为慢性，食欲不振，腹部胀气，腹泻和便秘交替发生。

（2）肝型　多呈慢性。病初症状不明显，后期可视黏膜黄染，肝区触诊有痛感，时有腹水，被毛无光泽，眼睑发紫，眼结膜苍白。后期病兔多有神经症状，四肢痉挛、麻痹，最后衰竭死亡。

（3）混合型　多发生于成年兔。具有肠型和肝型两种症状表现。病初食欲减退，精神不振，伏卧不动，消瘦、贫血，腹泻与便秘交替发生。尿频、尿液黄色浑浊。腹围增大。预后不良。

【防治方法】

(1) 预防　搞好清洁卫生工作，防止兔粪污染饲料、饮水、用具等，以免循环感染。引进种兔要隔离饲养，确诊无病后方可入群饲养。

(2) 消毒　笼具应每周清洗、消毒1次，常用消毒药有福尔马林、热碱水及石炭酸乳剂等，目前多数兔场已开始采用火焰消毒法。

(3) 治疗

①氯苯胍：预防按每千克饲料加入150毫克，从断奶开始连续饲喂45天；治疗每日每千克体重10~15毫克内服，连用1~2周。

②磺胺喹噁啉：按0.02%~0.03%加入饮水中饮用，连用3~5天；按每千克体重10毫克拌料内服，每天2次，连用3~5天。

③莫能菌素：按每千克饲料加入40~50毫克，喂服1~2个月，可完全控制本病的发生。

**五、兔双腔吸虫病**

双腔吸虫病是反刍兽多见病，长毛兔亦可感染。

【病原】病原为矛形双腔吸虫或中华双腔吸虫，虫体扁平透明，矛头样。其中矛形双腔吸虫的虫体较大，更呈细长尖锐矛头样；中华双腔吸虫的虫体较小，相对较短宽一点。但均较肝片吸虫小许多。虫卵褐色，椭圆形两边不对称，有卵盖，内含毛蚴。本病多发生在低湿的山间草场，兔可因饲喂在这些地方收割的青草而发病。

【症状及病变】病兔主要表现消瘦、贫血、黄疸，颌下水肿，腹泻，严重者瘦弱死亡。病变表现为胆管胆囊的慢性炎症，管壁增厚。肝肿大，被膜肥厚，表面粗糙。

【防治方法】对本病的预防是不喂高发地区的青草，必要时进行预防性驱虫。药物防治同肝片吸虫相同。

### 六、兔球虫病

【病原】兔球虫是艾美尔属的一种单细胞原虫。成虫呈圆形或卵圆形，球虫卵囊随兔的粪便排出体外，在温暖潮湿的环境中形成孢子化卵囊后即具有感染力。据初步调查，在我国各地常见的兔球虫有14个种，危害最严重的是斯氏艾美尔球虫、肠艾美尔球虫、中型艾美球虫等。

【流行特点】各品种的家兔对球虫均有易感性，断乳至3个月龄的幼兔最易感，且死亡率高。在卫生条件较差的兔场，幼兔球虫病的感染率可达100%，死亡率在80%左右；成年兔抵抗力较强，多为隐性感染，但生长发育受到影响。本病主要通过消化道传染，母兔乳头沾有卵囊，饲料和饮水被病兔粪便污染，都可传播球虫病。本病也可通过兔笼、用具及苍蝇、老鼠传播。球虫病多发生在温暖多雨季节，常呈地方流行性。病兔及治愈兔长期带虫，成为重要的传染源。

【临床症状】球虫病的潜伏期一般为2～3天，有时潜伏期更长一些。病兔的主要症状为精神不振，食欲减退，伏卧不动，眼、鼻泌物增多，眼睑黏膜苍白，腹泻，尿频。按球虫寄生部位本病可分为肠球虫病、肝球虫病及混合型球虫病，以混合型居多。肠型以顽固性下痢，病兔肛门周围被粪便污染，死亡快为典型症状；肝型则以腹围增大下垂，肝肿大，触诊有痛感，可视黏膜轻度黄染为特征。发病后期，幼兔往往出现神经症状，表现为四肢痉挛，麻痹，最终因极度衰弱而亡。病兔死亡率为40%～70%，有时高达80%以上。

【诊断方法】可采用饱和盐水漂浮法检查粪便中的卵囊，或将肠黏膜刮屑物或肝脏病灶刮屑物制成涂片，镜检球虫卵囊、裂殖体或裂殖子。如在粪便中发现大量卵囊或在病灶中发现各个不同阶段的球虫，即可确诊。

【预防】兔舍应保持清洁、干燥。保证饲料、用具的清洁卫生，不被兔粪污染。加强消毒，兔笼、饲槽至少每周用热碱水消毒1次，也可将其在日光下曝晒。及时将发病兔隔离治疗，病兔的尸体和内脏要烧掉或深埋。选作种用的公兔、母兔，必须经过多次粪便检查，健康者方可留作种用。购进的新兔也须隔离观察15~20天，确定无球虫病时方可入群。成年兔和幼兔要分开饲养。幼兔断乳后要立即分群。

【治疗】

（1）氯苯胍，按0.03%浓度拌料喂，连用7天，以后改用0.015%浓度拌料长期饲喂。预防时可按0.015%浓度拌料，连喂45天。

（2）磺胺二甲氧嘧啶与二甲氧苄氨嘧啶按5∶1混合后，按0.012%~0.013%浓度拌料饲喂，连喂5~7天，隔7天后再按上述浓度拌饲喂5~7天。

（3）球痢灵（硝苯酰胺）与3倍量的磷酸钙共研细末，配成25%预混物，用于预防时按0.012 5%浓度拌料饲喂，治疗时按0.025%浓度拌料饲喂，连喂3~5天。

（4）复方敌菌净，每天按兔每千克体重30毫克（首次饲喂时药量加倍）拌料，连喂3~5天。

（5）白头翁、黄柏、大黄、秦皮各5克，黄芩25克，煎汁后拌饲喂。

（6）僵蚕50克，桃仁5克，白术15克，白茯苓15克，猪苓15克，大黄25克，地鳖虫25克，桂枝15克，泽泻5克，共研末，每只兔每天按5克拌料饲喂，连喂2~3天。

（7）黄柏、黄连各10克，大黄7.5克，黄芩25克，甘草15克，共研细末，每只兔每天7.5克，连喂3天。

（8）紫花地丁、鸭舌草、蒲公英、车前草、铁苋菜和新鲜苦楝树叶，每只兔每天各喂30~50克（苦楝树叶喂量少于30克），隔天喂1次。由于大多数药物对球虫的早期发育阶段——裂殖生殖有效，所以用药必须及时。当兔群中有个别兔发病时，应立即使用药物对整群兔进行防治。此外，要注意药物的交替使用，以免球虫对药物产生耐药性。

## 七、疥癣病

又称螨病，是肉兔常见的一种慢性皮肤病，发病率高，很难根治，是对兔群危害最为严重的外寄生虫病之一。

【发病特点】病原体为兔螨，最常见的有疥螨、痒螨和足螨等多种。本病具有高度传染性，一年四季均可发生，尤以秋季、冬季，特别是阴雨天蔓延最快，感染率可达40%以上。主要通过病兔和健康兔的直接接触传播，也可通过病兔污染的笼舍、用具等机械性传播。疥螨在离开兔体后的生存时间，一般不超过3周；痒螨离开兔体后的存活时间为2个月左右。

【临床症状】秋季、冬季是疥癣病的流行季节，特别是潮湿环境，管理不善，营养不良可加重发病。

（1）疥螨病（体癣） 病初出现在鼻和唇，逐渐蔓延至眼、面部和全身，患部皮肤红肿，逐渐变厚，脱毛，病兔常用足爪搔抓或啃咬止痒，引起皮肤炎症，导致细菌性感染以致病情加重。

（2）痒螨病（耳癣） 主要寄生在耳部，病初皮肤红肿，破伤，流出白灰色或黄褐色渗出物，数日后结成黄褐色痂块，痂块逐渐加厚、干裂，布满整个耳朵。病兔因经常搔痒，精神不安，食欲减退，逐渐消瘦，甚至死亡。

（3）足螨病（足癣） 主要寄生在脚掌底部的皮肤内，也有寄生于头部或外耳道的。病初皮肤红肿，逐渐加厚，病足跛行。

【防治方法】

（1）预防 笼舍应保持清洁、干燥、通风、透光，勤清粪便，勤换垫草；加强饲养管理，增强兔体健康。

（2）消毒 兔舍、兔笼、食具应定期消毒，消毒药可用10%～20%石灰水，3%来苏尔或0.3%除虫菊酯溶液喷洒。

（3）治疗

①灭虫丁：每千克体重0.02～0.04毫克（每毫升含量1毫

克)，肌内或皮下注射，重症者 7 ~ 10 天后重复注射 1 次即可痊愈。

②硫黄石灰水：硫黄 20 克，石灰 10 克、水 100 毫升，混合后煮沸 15 分钟，待凉后涂擦患部，每天 2 ~ 3 次。

③除虫精（二氯苯醚菊酯）：用除虫精乳油 1 毫升，加水 2.5 ~ 3 升，涂擦患部，重症者第一次用药后 7 ~ 15 天再涂药 1 次即可治愈。

④烟叶醋水：烟叶 1.5 克，食醋 60 毫升，煮沸去渣，涂擦患部，每天 1 次，连用 3 ~ 4 天。

**八、生殖器官炎症**

该病包括母兔的阴部炎、阴道炎和子宫内膜炎及公兔的包皮炎和睾丸炎。

【发病特点】本病发生原因多因兔笼污染、不光滑造成刺伤，引起外伤部位细菌感染所致，严重影响母兔的受胎率及公兔的性欲和配种能力。

【临床症状】

(1) 阴部炎　尤以母兔发病率较高，炎症部位红肿，易出血，严重时溃烂并结痂，剥开痂皮常有暗红色血水流出。

(2) 阴道炎　患兔阴道黏膜肿胀、充血，从阴道中流出黏性或脓性分泌物。

(3) 子宫内膜炎　按炎症性状可分为卡他性、化脓性、纤维素性和坏死性，从阴道内排出污秽恶臭分泌物，患兔时常努责，屡配不孕。

(4) 包皮炎　患兔包皮热痛肿胀，尿流不齐，积垢坚硬如石，严重时排尿困难。

(5) 睾丸炎　患兔睾丸肿胀，阴囊皮肤呈炎性浸润，严重时化脓破溃，继发化脓性腹膜炎。

【防治方法】

(1) 预防　保持笼舍清洁卫生、光滑平整，防止外伤，加强饲养管理，提高种兔抗病力。

（2）护理　患兔应及时隔离，单圈饲养，患部可用0.1%高锰酸钾溶液冲洗，然后用消炎膏或青霉素涂擦，每日2次，直至痊愈。

（3）治疗　有全身症状的病兔，可用青霉素20万~30万单位，肌内注射，每日2次，连用3~5天。发现体温异常时，应及时补液和应用抗生素或磺胺类药物。

## 第三节　兔病的综合防治措施

规模化兔场的疫病防治工作是一项复杂的系统工程。为有效预防和控制兔病，提高养兔效益，生产中一定要坚持预防为主的方针，做到防疫规范化、科学化和制度化。

（一）消毒制度

消毒的目的是消灭外界环境中的病原微生物和寄生虫，切断传播途径，预防疫病流行。

（1）兔场入口消毒　可用2%氢氧化钠溶液，5%来苏尔或1：300农福等药物交替使用。更衣室可用紫外线灯消毒，消毒时间30分钟。按每平方米1瓦计算。

（2）场、舍消毒按照先消毒后打扫、冲刷，再消毒、再冲刷的原则进行。消毒药物可用2%烧碱水，5%来苏尔，或用1：400除菌净等进行喷雾消毒；对患有疥螨的笼舍可用火焰喷灯进行火焰消毒，以杀灭病菌，烧净黏附兔毛。

（3）食具消毒　可用0.01%~0.05%高锰酸钾溶液，0.1%新洁尔灭或0.5%过氧乙酸消毒。

（4）污物处理　少量粪便、垫草等污物可以深埋或烧毁，数量较多时可采用堆肥—发酵法进行生物发酵处理。

（5）病死兔处理　病死兔尸体、粪便和垫草要运往远离兔场的地方深埋或烧毁，进行无害化处理。

（二）免疫接种

免疫接种是防控各种传染病的有效方法之一，其目的：一是有效控制各种传染病流行。二是提高母源抗体水平。

（1）预防接种　经常发生某些传染病的地区，或受到邻近地区某些传染病威胁的地区，为防患于未然，应有计划地进行预防接种。据生产实践，兔瘟、巴氏杆菌、魏氏梭菌灭活苗，每年应免疫接种2次。

（2）紧急免疫　兔场一旦发生某种传染病时，为迅速控制和扑灭疫病，应对疫区和受威胁地区进行应急性免疫接种。实践证明，紧急免疫对控制和扑灭兔瘟、巴氏杆菌病等具有重要作用，剂量应适当加大，一般5~7天即可控制疫情。

（三）药物预防

预防兔病，除搞好定期消毒、免疫接种外，药物预防也是重要的防病措施之一。尤其在某些疫病流行季节之前应用安全、高效的药物添加于饲料或饮水中进行群体预防，效果显著。如母兔产后3天内，每次内服长效磺胺0.5克，每日2次，连用3天，可预防乳房炎等疾病；每兔皮下接种大肠杆菌灭活苗1~2毫升，7天可产生免疫力，可明显减少大肠杆菌及沙门氏菌的感染概率；子兔开食或断奶期间，定期添加饲喂喹乙醇、氯苯胍等药物，可有效预防球虫病及其他细菌感染等。

在采用药物预防时，应注意防止产生耐药性。有条件的规模养兔场，最好定期进行药敏试验，选用高敏药物，并详细做好药物名称、批号、剂量、方法等的用药记录，以便观察效果，及时处理出现的问题。

（四）定期驱虫

实际生产中，要想预防兔的寄生虫病，最可行、最有效的措施就是定期驱虫，一般规模兔场应每年春秋两季进行两次普遍驱虫。预防线虫、绦虫、囊尾蚴及吸虫类寄生虫可使用高效、低毒、广谱的丙硫咪唑；预防球虫病可使用氯苯胍、克球粉、球虫净等药物；预防兔螨等体外寄生虫病可使用伊维菌素、蝇毒磷等药物。

驱虫过程中应特别注意：第一，使用驱虫、杀虫药物要求剂量准确。第二，驱虫后应加强兔群的饲养管理，及时处理可能出现的毒副作用。第三，驱虫前最好先进行小群试验，在肯定药效和安全性后，再开展全群驱虫。第四，在驱虫的同时，要加强粪便的无害化处理，以防止病原扩散。

### （五）隔离饲养

隔离饲养能有效地控制传染源，切断传播途径。所以，规模养兔场应制定切实可行的防疫隔离制度。

（1）病兔隔离　规模养兔场的兽医技术人员应每天检查兔群的健康状况，发现病兔应及时隔离治疗，病死兔应进行深埋或焚烧等无害化处理。

（2）引种隔离　规模养兔场应实行自繁自养制度，对外地引进种兔必须隔离饲养 1 个月以上，经兔瘟、魏氏梭菌病、球虫病检查，确认健康无病后，再经驱虫、消毒、补注疫苗后，方可进入生产区混群饲养。

# 参考文献

[1] 陶岳荣. 肉兔高效饲养技术 [M]. 北京：金盾出版社，2009.

[2] 农业部农民科技教育培训中心，中央农业广播电视学校. 肉兔毛兔獭兔养殖新技术 [M]. 北京：中国农业科学技术出版社，2007.

[3] 许文发. 毛用兔 [M]. 长春：吉林出版集团有限责任公司，2010.

[4] 陈其新，权凯. 养长毛兔 [M]. 郑州：中原农民山版社，2008.

[5] 陶岳荣. 獭兔高效益饲养技术 [M]. 北京：金盾出版社，2010.

[6] 邢秀梅. 獭兔高效养殖技术 [M]. 北京：化学工业出版社，2010.